テレビプロデューサーひそひそ日記

スポンサーは神さまで、視聴者は×××です

北慎二

まえがき――テレビプロデューサーの裏の顔

某週刊誌の知人から、「芸人さんの遊びについて取材させてほしい」という連絡が来た。2024年の春ごろのことだ。彼は、私がプライベートでも大阪の芸人と親しくしていたことを知っている。きっと松本人志氏のスキャンダルをきっかけに芸人の遊び方を記事にしたいということだったのだろう。

2025年に入ると、今度は中居正広氏をめぐって、フジテレビ*のプロデューサーが介在した性接待疑惑が持ち上がった。そのタイミングで再び同じ知人から「テレビ局員として知っていることがあれば教えてほしい」というメールがあった。

今、テレビ業界の裏側、そしてテレビプロデューサーの裏の顔が世間の注目を集めている。

週刊誌用にコメントを短くまとめられたのでは私の意は伝わらないし、友だち

フジテレビ
私がテレビ局に入社した当時、東京キー局は「2強2弱1番外地」といわれた。日本テレビ、TBSの2強に対して、フジ、テレビ朝日は2弱チーム、テレビ東京はもちろん番外地。そのフジがスローガンを「母と子のフジテレビ」から「楽しくなければテレビじゃない」に変え、日枝久編成局長のもとバラエティーで存在感を発揮し、視聴率3冠まで駆けのぼる。在阪局の私はまぶしい目で眺めていた。

との思い出を売るようなことはしたくないので、彼からの依頼は丁重にお断りした。だが、実際にネタはいくらでもある。

私は1980年代に、大阪のテレビ局「テレビ上方《かみがた》」*に入社して以来、プロデューサーとして情報番組や報道番組、バラエティー番組などの制作に携わった。その中で多くのタレント、芸人とも知遇を得た。

芸人と一緒に飲んでいると、先輩の指示で、後輩が女の子をナンパしに行くことがよくあった。しばらくして後輩は女の子を連れてきて、先輩に〝献上〟する。そこからどうするかは先輩の腕次第。先輩が逃してしまった女性を、先輩の目を盗んで後輩がこっそり〝お持ち帰り〟なんてシーンも目にした。

当時、心斎橋筋2丁目劇場*の出演者たちは、グリコの看板で有名な通称「ひっかけ橋」でナンパをしまくっていた。それはファンのあいだでも有名だったから、ナンパされにくる女の子もたくさんいた。その中には「昨日、○○とHしてん。笑うぐらい下手くそやったわ。××のほうが全然うまかった」などと自慢している子もいた。あっけらかんとしたものだった。

芸人の悪さばかりが追及されるが、芸事の磁場に引き寄せられ、彼らに誘われ

テレビ上方
関西地方で一番新しい民放テレビ局で、開局してまもなく私が入社した。推測はたやすいかもしれないが、あくまで仮名だ。なお、本書に登場するテレビ局名や番組名、タレント名、会社名についても一部仮名にしている。またプライバシー保護などの観点から、登場人物の特定を避けるため、キャラクターを改変したり、脚色を加えた箇所がある。

心斎橋筋2丁目劇場
若手のころのダウンタウンが主戦場にしていた劇場。1986年オープンで、ダウンタウンの出世作といえるバラエティー番組「4時ですよ～だ」の会場として使われた。1999年に閉館。

たいと熱望していた女の子がたくさんいたのも事実で、現在の価値観で断罪することに意味があるとは思えない。

「接待」といえば、某タレント事務所の女性社長が、自社の女性タレントをスポンサー筋にあてがう現場も目撃した。

そして、そうした芸能界*と二人三脚で疾走してきたのがテレビ局だったのだ。20余年にわたりテレビ局に勤務し、ある事情で退社したあとも業界の周辺で禄《ろく》を食《は》んできた。本書にあるのは私が実際に目撃し、また体験したこと*である。

深刻ぶった話ばかりではない。間抜けな話やしょうもない話も数えきれないほどある。むしろそんな話のほうが多いくらいだ。どこからどこまでが「表の顔」で、どこからどこまでが「裏の顔」なのかももはや判然としない。

テレビ局とはどんなところで、テレビプロデューサーの仕事とはいったいどんなものなのか？

テレビ業界を離れ歳月を経て、テレビプロデューサーとしての仕事を書き残しておきたいと考えた。恥ずべきことも誇らしいことも含めた〝ありのまま〟の姿を記したいと思う。

芸能界
一口に芸能界というが、在阪局本社勤務だと、仕事でからむのは芸人が中心となる。映画の告知や新曲のプロモーションなどで女優やアイドルが局に来ることもあるが、東京キー局の〝ザ・芸能界〟とはかなり違う。ちなみに、私が東京で初めて見た芸能人は大竹しのぶだった。TBSの裏口ですれ違っただけだが、ほのかに良い匂いがして、全力で鼻から息を吸い込んだ。

体験したこと
本書にあるのはすべて私の実体験であるが、テレビ局の事情などは局によっても大きく違いがあることをお断りしておく。また、当時と2025年現在で変化した部分がある点、多少の記憶違いなどについてはお許しいただきたい。

テレビプロデューサーひそひそ日記◉もくじ

第3章 役に立たず、尊い仕事

第4章　視聴率という魔物

装幀◉原田恵都子（ハラダ＋ハラダ）
イラスト◉伊波二郎
本文校正◉円水社
本文組版◉閏月社

第1章

プロデューサーの知られざる日常

某月某日　雲泥の差：テレビ上方に入ったワケ

物心ついたころからテレビを見るのが好きだった。特定のテレビ番組やタレントが好きというより、テレビそのものが大好きだった。今日はテレビからどんな放送が流れてくるかと考えると心が浮き立ち、かじりつくようにテレビを見ていた。

小学校で「将来の夢*」をテーマに作文を書かされたときにも迷わず「テレビ局で働く*」と書いた。テレビ局がどんなところで、どんなふうに番組を作っているかなんて知らなくても、いずれ自分がテレビを作るのだと信じ切っていた。思い込みの激しい子どもだった。

テレビ局に就職するためにはどんな勉強をしたらいいのだろう？

テレビ制作に役立つと考えて、一浪して、国立大学で唯一「演劇学専攻」のある大学に進学した。振り返ってみると、大学時代の勉強はテレビ制作にまったく

将来の夢
まわりはみんな「プロ野球選手」や「総理大臣」「会社の社長」などと書いていた。学校では「8時だヨ！全員集合」が大人気だったが、個人的には「巨泉×前武ゲバゲバ90分！」にゾクゾクした。大橋巨泉と前田武彦によるコント番組で、ちょっとシュールだったりブラックだったりするところに惹かれたのだ。子どもが見てはいけない〝大

役立たなかったのだが……。

大学に入学すると、マスコミを志すメンバーたちと「マスコミ受験友の会」を作った。なんせ私はテレビ局に就職するために大学に入ったのだ（そのくせ1年留年したので、就活時にはプラス2年、年を食っていた）。

この当時、マスコミの就職活動の解禁日は10月1日となっていたが、メンバーの1人は、すでに7月に電通から内定を得た。彼の一族は、関西を代表する私鉄グループの個人筆頭株主という家柄だった。もう1人も親族のコネでM放送*に内定をもらっていた。彼らのやり方を目の当たりにし、世の中、就職も横一線ではないことを痛感した。

いっさいのコネを持たない私は関西のテレビ局であるKテレビ、M放送、テレビ上方の3社を受験した。どの局も倍率は数百倍にのぼった。運よく、私は3社で最終面接まで進んだ。

最初に受けたM放送の役員面接。面接官はあからさまに興味なさそうにいくつかのありきたりな質問をよこした。私もまたありきたりな答えを返した。面接予定時間が手応えのないまますぎた。合格の場合のみ連絡がある。手応えどおり、

人の世界〟を覗き見した感覚が楽しかった。

テレビ局で働く
親族のほとんどが公務員や銀行員だったので、その真面目な生活への反発もあったような気がする。公務員だった親父は8時すぎに家を出ていき、夕方6時には帰宅して、毎晩夕食を家族で食べていた。子ども心にそんな生活はつまらない気がして、「父親が飲んで夜中に帰ってきた」とか、「海外出張に行っている」という友だちがうらやましかった。

M放送
ラジオ部門も持つ放送局で、北新地の入口の堂島に本社があった（現在は大阪市北区茶屋町）。笑福亭鶴瓶司会の「突然ガバチョ!」や、「夜はクネクネ」などユニークな深夜番組が多かった。

M放送からの連絡はなかった。

続いて受けたKテレビの役員面接では打って変わって面接官と会話が弾んだ。やたら盛り上がり感触も抜群だった。これはイケたかもしれない。局から電話があった。受かったのだとばかり思っていると、不合格だという。驚き、落胆した。私の反応を意に介さず、担当者は事務的に続けた。

「ただ、北さんは補欠の最上位なので、辞退者などが出た場合は繰り上げで合格になることもあります」

想定外の空振りがショックで上《うわ》の空で聞いていた。

3社目、テレビ上方の役員面接に臨んだ。

「学生時代に一番がんばったことはなんだろう？」

「この会社に入ったらどんなことで会社に貢献できると思うの？」

「制作志望ということだが、営業や経理などほかの部署に配属されたらどうしますか？」

面接官は役員3人で、ここもまたありきたりの質問*ばかりだった。応接セットのソファーに腰掛けている3人のズボンがずり上がり、靴下の上のスネがむき出

ありきたりの質問
「クラブのキャプテンと

しになっているのが目についた。これまでの2社より、会社の雰囲気も、役員たちもなんだか田舎くさく感じた。

手応えは皆無だったが、テレビ上方からは自宅に帰ってすぐ電話で内定の連絡が来た。思いもよらぬ知らせに、曇っていた視界が開けていくような気がした。

テレビ上方の担当者は、内定を出す代わりに入社の誓約書を書いてほしいと求めた。それでテレビ局に入れるのなら、お安い御用だった。言われるがままテレビ上方に赴き、誓約書を提出した。すると後日、総務部に所属するという社員が自宅を訪問調査に来た。

Kテレビから電話があったのはその直後だった。辞退者が出たため、繰り上がり合格になったという。ただ、もうテレビ上方に誓約書も書いてしまっている。

「テレビ上方に合格したのでそちらに入社します。誓約書も書いておりますので」

そう答えると、電話口の社員は平然とこう言った。

「あっ、そう。でも、誓約書なんてなんの拘束力もないよ。言っちゃ悪いけど、テレビ上方とKテレビだったら雲泥《うんでい》の差があるよ。悪いこと言わないから、Kテ

して部員をまとめて良い成績を収められるよう組織力を強化してきました。とくに試合に出られないレギュラーではない部員のモチベーションを上げることを重視していました」…。就職ガイド本に書かれているようなありきたりの返事をしたと思う。われながら、よく合格できたものだ。

レビに入社しておいたほうがええで」

ここで当時の在阪民放各局の勢力図を紹介しておこう。

在阪の民放テレビ局は全部で5社。テレビ上方をのぞく上位4局はだいたい同じくらいの規模で、この当時の視聴率競争では、A放送*、M放送、Yテレビ*、Kテレビ*の順番だった。

そもそもテレビ上方は、開局したばかりでまだ海のものとも山のものとも知れず、企業規模や売上げ、従業員数もほかの4局とは圧倒的な差があった。

上位4局は広域U局といって、生駒山《いこまやま》の山上に送信アンテナがあって、視聴できる範囲が広い。これに対し、テレビ上方は県域U局といって送信アンテナは生駒山から100メートル下がったところにあり、視聴可能エリアが狭い。その分、視聴率が出にくいという大きなハンデを抱えていた。そういう意味では、Kテレビ社員の発言には理《り》があったともいえる。

ところが、Kテレビの社員のもの言いに私はカチンと来てしまった。

「いいえ、私は絶対、テレビ上方に入社します」

勢いでそう言い切った。

A放送
関西では「6」チャンネル。高校野球の中継をしており、NHKが視聴率4～5%なのに対して、A放送が10%超えという圧倒的なパワーがあった。当時はガチャガチャ回すダイヤル式で、デフォルトが一番上の「6」だったため、A放送が強いなどとささやかれた。「てなもんや三度笠」「プロポーズ大作戦」「必殺シリーズ」など人気番組を手がけていた。

Yテレビ
系列会社のプロ野球球団「ジャイアンツ」の色が強すぎて、「タイガース」愛の強い関西圏で反感を

「へえ、そう。あんたみたいな人はあんまりおれへんで」

呆れられたのか、褒められたのか、よくわからなかった。

こうして私はテレビ上方に就職することになった。

某月某日 初仕事：新人の困りごと

いよいよ少年時代から憧れ続けたテレビ局で働くのだ。4月1日、私は高揚した気分で出社した。

辞令をもらい、編成部に配属されたことを知る。同期は男性ばかり5人で、1人は東京の大学出身というだけの理由で東京支社への配属、あとは営業部、営業推進部、報道部へと配属になった。

人気のあったのがテレビ制作に直接携わる「制作部」で、私もここへの配属を熱望していたが、あてが外れたかたちだ。それでも、不人気な報道や営業でなかったことにほっとしていた。


買っていた説もある。

Kテレビ
このあと、同系列局が「楽しくなければテレビじゃない」のスローガンのもと快進撃をする少し前の時代。兎我野町のラブホテル街のど真ん中に本社があり、一部の若者はラブホテルに行くことを「Kテレビに行く」と言っていたらしい。

全体会合で長すぎる社長の新年度あいさつを聞き、編成部の上司に連れられて、社内をあいさつ回りして、自席に着くと、早々に先輩社員に声をかけられた。

「北君、あなたは小森君と一緒に大阪城の西の丸庭園*に行って、花見の席取りをしてください。大事な仕事なのでがんばってね」

「ほな、行こか」

小森先輩がそう言って、私の肩をちょんと叩く。私はつき従って会社を出る。どうやら編成部に配属された私の、これが最初の仕事らしい。

歩いて西の丸庭園にたどり着くと、小森先輩は大阪城の事務局のような建て物でゴザを借りた。

「このあたりがええかな」

小森先輩は桜が綺麗に咲いている場所を見計らいゴザを敷くと、私に言った。

「俺は会社に戻るから、あとは頼むわ」

絶好のお花見スポットを人に取られないようにするのが入社したばかりの私に与えられた大事なミッションだったのだ。私は言われるがままゴザの中心にあぐらをかいた。昼前にやってきただけあって、堂々たる大木のもとのベストスポッ

西の丸庭園
豊臣秀吉の正室・北政所の屋敷があった場所とされている。テレビ上方のお天気屋上に設置されたお天気カメラは市内を一望でき、マスター室のコントローラーを触ることもできた。私も試しに触らせてもらい、西の丸庭園の米粒大の人たちにズームしたりした。

トといえた。

　こんなことなら、文庫本でも持ってくればよかったと思いつつ、１時間もぼけっと座っていると、２人組の男が近づいてきた。

「おまえ、いったい誰の許可もろうて、ここを押さえてるんや？」

　上から下までなめまわすように見ながら言う。一見してその筋の人らしく、すでに酔っ払っているようで酒臭い。面倒なことになりそうだ。少し考えて、

「はい、私は大阪府警のもんです。非番で花見の場所取りをしていて、もうすぐ先輩方が来るのですが、なんでしょうか？」。

　口から出まかせだったが、男たちは「そうか」と気まずそうに去っていった。

　スマホどころかガラケーもない時代、ただただぼんやりしながら席をキープしていると、まだ日も暮れぬ夕方からいろいろな部署の人間が集まり出した。すでに会社で飲んでいた人も多いようで千鳥足のおじさんもいる。

　日も暮れたところで宴《うたげ》が始まる。

「それじゃあ、新人の諸君は自己紹介してください」

「上方大学文学部美学科演劇学専攻を卒業した北慎二です！　大学時代は軟式テ

ニス部の主将を務めていました。体力には自信がありますので、どんどん仕事をさせていただきたいです。ただ、持病の腰痛がありますので花見の席取りはこれっきりにしてください」

ウケ狙いもまじえた渾身のあいさつにも反応は薄い。そのまま2時間ほどの飲み会が終わり、「大阪締め」*で幕となった。

テレビマンの〝クリエイティブ〟な仕事を想像していた私にとって、この日の業務はどれも典型的昭和サラリーマンのそれのように感じられた。テレビ局で働き出すという高揚した気分はすっかり萎《しぼ》んだ風船のようになっていた。

こうして勤務し始めた私には困ったことがあった。社内の人たちの顔と名前が覚えられないのだ。おじさんがみんな同じに見える。5階に行っておじさんに資料を届け、次の用事で8階に行くとそこにもさっきのおじさんが座っている。ワープしたのかと思ったが、よく見ると別のおじさんだ。大学を出たての私には、あのおじさんもこのおじさんも区別がつかないのだ。

私が配属された編成部の隣が広報部*だった。広報部のおじさんが言った。

大阪締め
関西圏における会合などの「締め」の定番。関東でいう「三本締め」や「一本締め」の代わりに行なわれる。「打~ちましょ、チョンチョン、もひとつせ~、チョンチョン、祝うて三度チョチョンがチョン」という感じで「チョン」の部分が拍手になる。これは大阪商工会議所などの財界バージョンで、ほかに上方歌舞伎バージョンや上方落語バージョン、天神祭の講元バージョンなどで微妙な違いがある。

広報部
東京キー局では、自局を知らしめる「広報部」と、番組を宣伝する「番組宣伝部」が明確に分かれていることが多いが、テレビ上方を含む地方局では「広報部」を「総務部」が担い、「番組宣伝部」の役割を果たすのが「広

「キミは新人なんだから、広報の電話もとるようにしなさい。視聴者を待たせちゃいけないから、なるべくワンコールでね」

　この当時、視聴者からの電話は直接、広報部に回されていた。かくして広報宛の電話をとることになったのだが、お褒めの電話などほとんどなく、かかってくるのはクレーム電話ばかりだった。

　電話に出た途端、耳をつんざく怒声が聞こえる。

「俺はずっと『大江戸捜査網＊』の放送を楽しみにしてたんや！　それを途中でやめるとはどういうこっちゃ！」

　テレビ上方では平日の月曜〜金曜の午前中に「大江戸捜査網」という時代劇を再放送していた。だが、視聴率も芳しくなかったため、編成の判断でこの日から別の番組を放送することになった。連続シリーズを完結を迎えないまま打ち切る＊ほうもどうかと思うが、それに対するクレームだった。

　平身低頭お詫びするが、怒りは一向に収まらない。

「なめとったらしばき回すぞ！」「俺が誰かわかっとるんか？」「おまえの家までカチコミに行ったろか！」……それにしてもガラが悪い。怒鳴っている自分の声

報部」になっているケースが多かった。

大江戸捜査網
１９７０年から放送が開始された時代劇テレビドラマシリーズ。江戸時代を舞台に、悪党や腐敗した権力者に立ち向かう「隠密同心」たちの活躍を描いた作品で、「われら隠密同心、死して屍（しかばね）拾う者なし」の名セリフが有名。歴代の主演も杉良太郎、松方弘樹、里見浩太朗など錚々たるメンバーである。

完結を迎えないまま打ち切る
このシリーズはキー局制作分だけでも13年半も放送されており、とにかく話数が多い。そのため、再放送をしてもどこかのタイミングで終了せざるをえないのだが、終了するたびに「なんで終わらすねん」というクレー

に興奮してくるようで、一方的な罵声を延々1時間も繰り返された。これだけ怒鳴られ続けると頭も朦朧《もうろう》としてくる。いよいよ自棄《やけ》になった私は、

「気に入らないなら、もうテレビ上方を見ないでください！」

そう言って電話の受話器を叩き切った。

罵声地獄からようやく逃れられたと胸をなでおろしていると、また電話が鳴る。出てみると、またもやさきほどのクレーマーだ。

「おいっ、視聴者からの電話を叩き切るっちゅーのはどういうこっちゃ！」

さらに怒っている。どう対応しようか迷っていると、遠巻きにやりとりを聞いていたおじさん（この人が広報部長だった）が駆け寄ってきて、私から受話器を奪い取った。

「さきほどは失礼な対応でたいへん申し訳ございません。……さっき電話に出ていたのは北という新入社員でして、社にお越しいただいたら、北に直接、詫びを入れさせますので――」

広報部長は受話器を手に持ってペコペコと下げている。しばらくして電話を終わらせると横にいた私に向き直り、

ムがあった。ほかにも、「俺は杉良太郎が見たいねん。里見浩太朗は飛ばしてええから、先に杉良太郎を見せろ」などという無茶なクレームが来ることも。

暴力団関係者
テレビ局と反社会勢力の関わりはそれほど多くない。ただ、以前は地方ロケの際に地元の有力ヤクザへのあいさつを忘れて、嫌がらせをされたりすることもあった。ある情報番組で、中国地方の夜の繁華街を撮影していたときのこと。カメラを回していると、2人組の男が映り込んで、両腕の刺青を見せびらかしながら大声で卑猥な言葉を叫ぶ。これは繁華街を縄張りとする暴力団にあいさつをしなかったことで起きたトラブルだった。暴力団対策法施行前は、日本酒の1升瓶を2本くくった

「おいっ、もっとちゃんと対応せなあかんぞ！」

と怒鳴る。

事情を聞くと、苦情を言ってきたのは暴力団関係者*で、組長が「大江戸捜査網」の大ファンで番組が途中で打ち切りになったことに腹を立て、組員にテレビ局に抗議電話をするように指示したのだという。

テレビ局の人間として私の対応に問題があったのは事実だが、暴力団関係者に個人情報をペラペラしゃべった挙げ句、「社に来たら本人に謝らせる」とは……。

結果的に暴力団員がテレビ上方に現れることはなかったが、広報部長に不信を抱いた私はそれ以来、広報部の電話*をとるのをやめ、コールし続けて誰も出ないときは用事があるふりをして席を外すようになったのだった。

某月某日　**重役出勤**：「誰が言うてんねん」

入社して１カ月、特別番組の制作打ち合わせ会議に出席した。

ものを持ってあいさつに行ったりしていたが、今ではそんなことをすれば、逆に大問題になる。

広報部の電話　テレビ局にはさまざまな電話がかかってくる。よくあるのが、「おまえのところから変な電波を出してるやろ。頭がおかしくなるからやめてくれ」というもの。私が実際に受けたものでは、「あなた方はうちをずっと見張っているでしょ。私が部屋の電気を消したタイミングで、おたくの番組で『イカ墨パスタ』を紹介したのは、『おまえが部屋の電気を消したことはわかっているからな』という脅しの意味ですよね。どうすれば許してくれるのですか？」というものがあった。女性の切迫した声は、40年以上経った今も記憶に焼き付いている。

会議のトップは私の直属の上司である西編成局長、以下、制作局長、技術部長、制作部長、プロデューサー、編成部長、編成担当、ディレクターなど10数名が参集した。

番組タイトルは「史上最強のサラリーマン」。サラリーマンを１００人集め、書類のホチキス止めや早ハンコ押し、昼食の早食いといった〝サラリーマンの実力を測る〟競技で競わせ、最強のサラリーマンを決定するのだという。プロデューサーは胸を張って企画の主旨を説明した。

それにしても、ふつうのおっさんたちが競技したところで、果たして面白い番組になるものだろうか。会議の末席に参加した私は、そんなことをぼんやり考えていた。

プロデューサーが収録の概要を説明し終えたときだった。おもむろに西編成局長が口を開く。

「ところで、当日雨が降ったら、収録はどうするんだ？」

会議室は水を打ったように静まり返った。

「延期？　それともどこか体育館のような場所を押さえているの？」

雨の想定

生放送の「プロ野球中継」なども、雨の際に備え、必ず差し替え映画などをスタンバイしている。また、万が一、試合が早く終了したとき用にも、階段プログラムという早終わり用素材が数パターン用意されている。あるとき、プロ野球中継が予定より大幅に早く終わり、外国人女性が水着でサラダオイルを塗ってプロレスをする「セクシープロレス」という素材（この素材は村西とおる氏の事務所から購入した）を流

全員がしばらく無言になる。

プロデューサーは雨の想定*が抜け落ちており、その下のディレクターも未熟で、雨の想定をしている人間は出席者の中にひとりもいなかった。新興であるテレビ上方の社員たちはそれほどまでに番組制作経験が浅かったのだ。われわれは大慌てで雨天の対応を議論することとなった。

キー局*から出向でテレビ上方に来ていた西編成局長は、制作のベテランではなかったものの、編成部や映画部の経験が長く、テレビの世界を知悉《ちしつ》していた。バタ臭い二枚目でとっつきにくいが、つねに沈着冷静で「もののふ」然とした態度は周囲から一目置かれていた。

新入社員の私は、西編成局長を見て、「鋭い人がいる」と敬服した。そんなことはテレビ制作現場では当たり前の話だが、会社に入ったばかりの私は生まれての雛と同じで、親鳥・西編成局長*に感心してしまったのだ。

収録日当日、編成部の私も制作の手伝いに、収録現場・扇町《おうぎまち》公園に朝6時半に集合することになった。もともと制作志望の私にとって、制作現場を体験でき

したところ、野球中継終了後に視聴率が急上昇した。

キー局
番組放送においてネットワーク（系列）の中心となる放送局。日本テレビ（NNN系列）、テレビ朝日（ANN系列）、TBSテレビ（JNN系列）、フジテレビ（FNN系列）、テレビ東京（TXN系列）が存在する。東京局をキー局、大阪局を準キー局と呼んだりする。

親鳥・西編成局長
キー局の映画部に在籍していたころに「ハレンチ学園」という番組で過去最高視聴率を記録したり、編成部時代には同僚だった田原総一朗氏にフリー転身を勧めて成功に導いたりした人でもあった。理路整然と標準語で語るのも異彩を放っていた。関西弁の多い局内で、理

る貴重な機会でもある。自然と胸は高鳴った。
自宅から収録現場まで1時間半。気合が入りまくる私は誰よりも早く到着するべく、前日は現場近くの友人宅に泊めてもらうことにした。友人は大学の同期で留年したためそのまま大学界隈に住んでいたのだ。ところが、彼は数カ月ぶりの再会をおおいに喜び、クラブの同期の友人たちを呼び寄せて飲み会が始まってしまった。

「番組収録に参加するなんて、さすがテレビ局やな」

「芸能人にはもう会ったんか？*」

仲間たちに業界人風を吹かせながらの飲み会で気持ちよくなった私はつい飲みすぎた。朝、友人宅で目を覚まし、時計を見て真っ青になる。もう7時半。集合時間をとっくにすぎている。

時間には神経質で、待ち合わせにも早く行くタイプで今まで遅刻などしたことはない。それが、よりによってこんなに大事なときに……。猛ダッシュで会場に向かったが到着したのは8時すぎ。

「遅れてしまってすみませんでした！」

芸能人にはもう会ったんか？
入社して初めて会った（見た）芸能人は、テレビ上方でレギュラー番組をやっていた横山やすしと西川きよし。収録に遅刻しそうになった横山やすしさんが、大阪空港で「腹が痛い。救急車呼んでくれ」と叫び、救急車が来たら「かかりつけの医者に行ってくれ」と、テレビ上方近くの病院を

プロデューサーに土下座せんばかりの勢いで謝罪すると、

「どうした、新入社員が重役出勤か？　さっさと持ち場につけ！」。

入社早々のやらかしに落ち込む暇もなく、ディレクターの指示のもと、すぐさま参加者の出欠確認に入る。

点呼を行なうと、なんと10名以上の出演者（サラリーマン）が集合時間の８時をすぎても姿を現さない。オープニングに１００人が勢ぞろいする絵を撮る予定なので、１人、２人ならまだしも10数人も遅刻されては困るのだ。

「こんなに予定時刻に遅刻するなんてサラリーマンの風上にも置けへんなあ」

思わず私がそうつぶやくと、先輩ディレクターから「誰が言うてんねん」と厳しいツッコミが入った。

いざ番組収録がスタートすると、私は手持ち無沙汰になり、ゲームやクイズをぼんやりと眺めていた。

目の前で、数種類の色とりどりの用紙を指定どおりに並べ替えホチキス止めする競技が行なわれている。５名ごとに１組になっていて、１組が終わるごとに次の組が同じ競技に挑戦する。時折、焦りまくった参加者が用紙を足元にぶちまけ

指定し、到着した瞬間「あ、治ったわ。ありがとう」と言ってそのまま局に入ってきたという伝説の実話がある。

たりするが、だいたいはおっさんたちによる淡々としたホチキス止めが繰り返されるだけで面白くもなんともない。そんな競技をずっと収録している。こんなものが番組になるのだろうか。

早朝から始まった番組収録は予定より少し押して*午後6時すぎに終わった。午前9時前からスタートしたから、9時間ほどはカメラを回したことになる。それにしても1日がかりの長い収録で、見ているだけの私もヘトヘトに疲れた。

ところが、制作部の面々はこのあとすぐに膨大な撮影素材の仮編集に取りかかり、2日間でまとめるのだという。

その数日後、局内でプレビュー会が開かれた。大きな特番やレギュラー番組の初回などはできあがった番組を関係者で事前観賞するのだ。

末席で「史上最強のサラリーマン」をプレビューした私は驚いた。現場で目にしていたのとはまったく違う「作品」が流れていたのだ。

ホチキス止め競技では、まずうまい人がナレーションと効果音（SE）によって、見事な手技のごとく際立たせられた。その後に下手な人のシーンが続き、ナレーションと効果音により見事なダメっぷりが表現されていた。用紙をぶちまけ

押して
テレビ業界で「押す」とは、番組や収録の進行が予定よりも遅れることを指し、反対に予定より早く進行している場合は「巻く」という。ディレクターが新人ADに「この後はしっかり巻けよ」と言うと、新人ADがスタジオカメラのケーブルを巻き出したという笑い話があるが、「そんなやつおらんやろ」レベルの作り話だろう。

大きなテロップ
このころはまだ出演者がしゃべっている言葉をテロップで出すという演出は行なわれていなかった。出演者のコメントを強調するためにテロップ（スーパー）が用いられるようになったのは、朝日放送の「探偵！ナイトスクープ」が最初とされている（諸説あり）。賛否両論があるが、私はす

てしまうシーンでは、サラリーマンの情けない顔がスローモーションで再生され、「大失敗！」という大きなテロップ*が入った。私も思わず吹き出してしまった。編集が入ることでこんなにも劇的に変わるのか。私はテレビ制作の現場に感動していた。

某月某日　買い付け：友情の証として…

テレビ上方は慢性的な人手不足だった。部署間の垣根も低く、私は編成部でありながら、広報の手伝いで映画会社の資料をもとにラテ欄の紹介原稿*などを書いたりしていた。

ある日、私は「購入担当」に指名された。購入担当とは、新作ではない映画やアニメの買い付けを行なう仕事だ。

当時のテレビ上方には「購入枠」といわれる放送枠が数多くあった。自社で制作する力がないため、購入してきた番組で放送枠を埋めるわけだ。平日の月曜～

ごい発明だと感じた。

ラテ欄の紹介原稿　新聞のラジオテレビ欄に掲載される映画の概要記事を書いていた。映画会社から映画の内容を紹介した資料をもらい、それを１００～２００文字にまとめる仕事だ。本来は広報部が行なうのだが、なんせテレビ上方は映画

金曜は朝のアニメ枠、昼すぎの映画枠、夕方のアニメ枠、深夜や土日の映画枠……そのほかの枠も含めると1週間に30本近くの購入番組枠があった。ほかのローカル各局とくらべても異常な多さだった。

各局の購入担当*は長期にわたりその仕事を続けている人が多く、名物購入マンと呼ばれる人もいた。それがテレビ上方では新人の私がひとりで担当することになる。

初めて自分で購入したアニメシリーズは「タイガーマスク」。日本のアニメ制作会社が作った作品の国内販売権をどういうわけか外資系の会社が持っていた。夕方のアニメ枠用に、1本6万円で50本、総額300万円で購入した。

アニメシリーズの選定はやりやすい。子どものころに見て内容を知っている作品が多いので、「これならこの時間帯に視聴率をとりそうだ」という感覚がつかめる。

だが、映画についてはそうもいかない。映画枠を埋めるため、まとめて100本ほど買い付けすることになるのだが、全部を見ているわけでもないし、選り好みできるほど選択肢も多くない。売る側も叩き売りだし、こちら側も叩き買い感

の購入枠が多い。広報部だけでは手が足りず、新人の私に仕事が回ってきた。

各局の購入担当
在阪某局の購入担当は、タイトルに「巨大」や「処女」がつくと必ずその映画を買うといわれていた。あるとき、あるディストリビューター（配給会社）が冗談で「巨大処女アリの逆襲」という架空の映画の資料を作って持っていくと、担当は資料を見るなり目を輝かせて「よっしゃ、これもらうわ！」と飛びついたという。

年間予算は約3億円
当時、実家で父親から「テレビ局の仕事ってどんなことをやってるん？」と尋ねられた。「購入予算を3億円預かって、古い映画やアニメを買い付けたりしてる

覚でテキトーに買い付ける。目利きの必要もない、雑な仕事だから、私のような新人でもやれたのだ。

1本あたりの購入金額はとても安いのだが、購入番組が多いので必然的に予算も多くなる。年間予算は約3億円*にのぼった。この全額を入社1年目の新入社員が運用するのだ。

アニメのシリーズを数十本まとめて買い付け*たとき、少しして自宅に綺麗な封筒が届いた。なんだろうと思って差出人を見るとアニメを購入したディストリビューター（配給会社）名だ。

封を開けてみると、「友情の証《あかし》として」と書かれたカードとともに1枚のメダルが入っていた。何かの記念のメダルなのだろうと放っておいた。

その後もその会社と取引をするたびにメダルが送られてきた。そのうちメダルの大きさが違うことに気づいた。購入金額が多いとメダルが大きく、金額が少ないとメダルが小さい。つまり、メダルの大きさは購入金額に比例していたのだ。

調べてみると、メダルは金貨で、一番小さい金貨は7000円、大きいもので2万8000円になるらしい。これ以上、額が大きくなれば、賄賂《わいろ》じゃないかと

ねん」と説明すると、公務員だった父親は「おまえが運用しているつもりかもしれへんけど、それは上席が裏でしっかりコントロールしているんやろ」と言う。「本当に誰の了承も得ずに、自分ひとりで買うアニメを決めてるねん」と言っても信じてくれなかった。公務員の世界ではありえない話だろう。いや、ふつうのテレビ局でもありえなかったと思う。

まとめて買い付け　こうして買い付けた映画だが、そのまま放送するわけにはいかない。放送時間は決まっていて、1時間半枠だと72分前後、2時間枠だと89～92分ぐらいに編集しなければならない。この放送枠に合わせて映画会社が編集したり、納品後、テレビ局が編集したりする（2025年現在、監督の承認

を得ずに勝手に編集することなどありえない）。

不安になる金額だったが、このころの地方局の購入担当はみな平然とこの「友情の証」をフトコロに入れていた。

1年目の年収は、青天井でついた残業代も込みで400万円弱。一般企業とくらべれば悪くない額だったが、同業他社の各テレビ局の水準からは大きく差がついた。そんな私にとってバカにならない金額であったものの、足元を見られているようで気持ちのいいものではなかった。

配給会社は、テレビ局にどうやってたくさん買ってもらうか、策をめぐらせる。「キーマン」である購入担当にコイン以外の方法で取り入るにはどうするか？接待である。

A社の接待はこうだった。まずホテルオークラのバーで待ち合わせ、そのバーでアペリティフ（食前酒）。フレンチレストランに移動して高級ワインとフルコース。最後は再びバーに戻り、食後酒としてコニャックやアルマニャック。もちろん全額がA社負担だ。フランス料理など当時の私にとってそれほど嬉しいものでもなかったのだが、今思えば、きっとA社の担当がフランス料理好きだったのだ。

S社の接待は六本木での大宴会*だった。それは合コン宴会とも呼べるもので、レコード会社やCM制作会社、地方テレビ局の若手社員が大喜びで参加していた。T社とは、北は北海道から南は沖縄まで日本全国の有名ゴルフ場をプレーして回った。

各社の豪勢な接待は、ついこの前まで大学生だった私に大人の世界を味わわせてくれたが、心のどこかにつねに虚しさが漂っていた。それよりも私に刺激を与えてくれたのは視聴率だった。

月曜から金曜まで放送していた夕方のアニメ枠はとくに好調で、時にゴールデンタイムの平均視聴率を上回るほどの数字を獲得した。

私はできるだけ自分が幼いころに見て、心惹かれたアニメを買い付けることにした。そうして放送されたアニメ枠は、夏休みや冬休みにも思わぬ高視聴率をとった。〝不朽の名作*〟はいつの時代も子どもを惹きつけることがよくわかった。

私はどんな接待よりも、自分が買い付けた番組が高視聴率を得ることのほうに快感を覚えていた。

六本木での大宴会
イケイケな女性メンバーがたくさん参加していて風紀は恐ろしく乱れていた。地方局のテレビ局員には地方の国公立大出身者が多く、勉強しかしてこなかったようなウブな男が多かったので、手練れの女子からすると「赤子の手をひねる」くらいにチョロかったのかもしれない。その中のメンバー同士で結婚したカップルがいて、結婚式に出て「あのテーブルの男性、全員新婦の元カレやん」と震えた。

〝不朽の名作〟
「Dr.スランプ　アラレちゃん」や「キン肉マン」「機動戦士ガンダム」など実績のあるものを買っていた。アニメ枠の放送は午後6時台で、他局はどこもニュースを放送している時間で、競合がないのも功を奏した。

某月某日　**差別用語**：「アブナイ作品、買わんといて！」

古い映画を放送する際には注意点がある。差別用語だ。現代の感覚だと信じられない言葉が映画の中では平然と交わされている。フィルムで放送していたころは、フィルムの音声部分を墨で塗りつぶして音を消した。VTRになってからは編集で音声を無音にした。

だが、設定から厳しい作品もある。たとえば、「丹下左膳《たんげさぜん》」という作品では、主人公が右目と右腕のない剣士なので、戦いの場で「このめっかち野郎」とか「かたわもんのくせに」といったセリフが山のように出てくる。それを編集すると無音だらけになる。

私はよくプレビュー部門*の担当者から文句をつけられた。

「北君、なんでわざわざこんな作品を買い付けてくるの！　差別用語をチェックするだけでふつうの作品の2倍も3倍も時間かかるんやで。二度とこんなアブナ

プレビュー部門
プレビューとは、放送される番組を事前にチェックすること。プレビュー部門では、CMのタイミングや回数、放送枠と全体の尺（長さ）が合致しているか、放送に不適切な用語が使われていないか、テロップミスがないかなどをチェックする。放送素材は4日前までに納品と決められていて、納品後プレビュー部門のチェックを経て放送された。本来は納品日厳守だが、プレビュー部門に直接頼みに行って納品日を1日ズラしてもらい、お礼に食事に連れて行ったりしたこともある。

イ作品、買わんといて！」

プレビュー担当が厳重に目を光らすとはいえ、時にチェックをすり抜けてしまうこともある。

ある古い映画を放送した際、その中に「ちんば」という発言があり、用語チェックもスルーされ、そのまま放送された。「ちんば」は片足が不自由で使えないことを指す言葉で、放送局では差別用語として使用禁止とされている。

放送直後、視聴者から抗議の電話が入った。「ちんばは差別用語であり、私は人権を侵害された。対応次第では部落解放同盟*に通告する」と怒っているという。

この当時、差別用語について過剰に反応する人たちがいて〝言葉狩り〟などと騒がれていた。その中でも部落解放同盟に目をつけられると吊し上げを食らい、高野山《こうやさん》で1泊2日の研修*を受けさせられることもあった。

視聴者からの抗議を受けて社内で会議が持たれた。差別用語による放送事故では、プロデューサーや編成部が問題収拾にあたる。話がこじれる前に、まず西編成局長と、編成担当の私とが視聴者の家にお詫びに行くことになった。

部落解放同盟
全国水平社を起源とする同和団体。テレビ上方でも、「よっ！日本一」というポスターの最初の部分が、「よつ＝江戸時代の被差別部落民を指す差別用語」だとして糾弾されたこともあったし、視聴者プレゼントでアナウンサーが「今週はこの靴を四足（よんそく）プレゼントします」といって吊し上げられたこともあった。

高野山で1泊2日の研修
テレビ上方の上司は実際にこの研修に参加させられ、被差別部落問題だけでなく、障害者やハンセン病など人権に関わる講義を受講していた。この研修の帰り際、彼はお土産としてダンヒルのカフスボタンとタイピンをもらったという。アメとムチというところだろうか。

局から電車で1時間ほどの地方駅に降り立ち、足取りも重く、局長とともに抗議を入れてきた視聴者宅に向かう。

「怖い人じゃないといいですね」私が言うと、

「まあ、話せばわかるだろ。……わかってくれないと困るな」

いつもは沈着冷静な西編成局長*もこのときばかりは困り果てた顔で言う。

メモに書いてきた自宅前に着き、意を決してチャイムを押す。しばらくして高齢の男性が這うようにして顔を出した。実際に片足の自由が利かずに足を引きずっている。その姿を見ると申し訳ない気持ちがつのった。

おじいさんは無言で中に入るように手招きする。われわれが、決してきれいとはいえない居間に正座すると、おじいさんが堰を切ったように話し出す。

「あんたらは私たち足の不自由な人間のことを馬鹿にしてるんやな。だから平気であんな言葉を放送できるんやろ」

怒るというより泣きださんばかりの抗議だ。

「俺はちっさいころから、こんな足や。子どものころから、ちんば、ちんばと何度いじめられたか。虐《しいた》げられる側の気持ちは、虐げる側にはいつまで経ってもわ

沈着冷静な西編成局長
「テレビっていうのは、柳の下にドジョウが2匹いるんだ。3匹いることもあるかもしれないし、時間が経ってまたドジョウが出てくることもある」…今でもよく覚えている西編成局長の言葉だ。パクリ企画でも視聴率をとることもあるし、企画には著作権はないのだから、よくできた番組を参考にするのは恥ずかしいことでもなんでもない、と西局長はよく言った。

からへんのや」

実際に抗議する人の境遇と向き合ってみると、見えてくるものがある。抗議する側には抗議する事情があるのだ。このときはおじいさんの言葉が胸に迫り、私たちは床にひれ伏すように頭を下げた。

西編成局長と２人で正座をしたまま、話を聞いているうちにおじいさんの怒りもだんだんと治まってきた。

「まあ、こうして誠意をもって謝りに来てくれたわけやし、今回のことは、これでもう水に流そうと思う。これから私みたいに悲しむ人が出んように、放送には十分注意してな」

１時間がすぎたころ、ようやくお許しが出た。われわれ２人はもう一度頭を下げて、立ち上がろうとした。

ところが、ここで思わぬ事態が起こった。１時間にわたり正座し続けていた西編成局長の足がしびれてしまったのだ。局長は中腰のまま歩こうとするが、足に手をやったまま、よろよろとその場にへたり込んだ。

「局長、大丈夫ですか？」私が手を貸して引き起こした。

「う～ん」足のしびれが相当にひどいのであろう、局長が濃い二枚目の顔をしかめている。それでもなんとか私の肩につかまりながら、足を引きずりつつ、玄関に向かう。

心配そうにその姿を後ろから見ていたおじいさんがつぶやいた。

「あんた、ちんばみたいやな」

自分で使う分にはいいのだろうか……。間の抜けたおじいさんの発言と、苦し気に足を引きずる西編成局長の姿を見ていると、だんだんとおかしくなってきた。

だが、ここで噴き出しでもしたら、ようやく治まったおじいさんの怒りに再び火がつかないとも限らない。

私は局長に肩を貸しながら、ちぎれるほど唇を噛みしめ、こみ上げる笑いを我慢するのだった。

某月某日　初プロデュース：アニメ番組制作

入社半年がすぎたころ、西編成局長から会議室に呼ばれた。

「今度、『パンダ絵本館』という新作アニメを制作*することになったので、おまえがプロデューサーをやるように」

突然の通告に私は戸惑った。購入担当としてアニメを取り扱っているとはいえ、アニメ制作に携わったこともない。

「アニメがどうやって作られているのかもわかりませんし、ましてやプロデューサーが何をすればいいかもわかりません。そんな私がプロデューサーで大丈夫なんでしょうか？」

そう答えると、西編成局長は表情を変えずに言う。

「成功したらおまえの手柄、失敗したらおまえにプロデューサーをやらせた俺の責任だ。好きにやればいいんだよ」

そもそも在阪の他局で、入社半年のド新人にプロデューサーなどやらせるわけもない。ましてアニメのプロデューサーなどさらにありえない話だ。

人材不足*ゆえの苦肉の策とはいえ、西編成局長が私を信頼してくれたことはよくわかった。それまでは完成した作品を買い付けるだけだったが、今回は自らの

制作
番組終了時、テロップで流れるクレジットは、著作権を保有する場合は「製作」、単に作っているだけで著作権を保有しない場合は「制作」と表記するのだと教わった。

人材不足
在阪他局の社員数はおおむね７００～８００名だったのに対し、この当時のテレビ上方は１００名ほどの社員しかいなかった。慢性的人手不足のため、女性アナウンサーが映画の概要記事の作成を請け負ったりもしていた。また、他局ではそれぞれ個別に担当社員が複数名いるような「著作権」「謝金（ギャラ）」についても編成部兼務で私ひとりで担当していた時期があった。

制作であり、やりごたえのある仕事でもある。とにかく全力で食らいつくしかないと覚悟を決めた。

西編成局長の説明によると、「パンダ絵本館」は、母親パンダが子パンダに語るという体裁をとった教育アニメで、世界各地の童話を紹介していく、テレビ上方制作のシリーズ作品だという。

こうして私の初プロデュース番組「パンダ絵本館」の制作がスタートしたわけだが、早々にトラブルが起こる。

アニメ制作会社の岡本社長が突然、テレビ上方を訪れてきた。会議室で、西編成局長とともに彼と向き合う。

「じつはうちの会社の資金繰りが厳しいのです。現状だと先行する支払いができず、アニメ制作に取りかかれません。とりあえず『番組制作契約書』を締結していただければ、銀行からの融資が下りるのでなんとかなります」

「パンダ絵本館」の制作については社内の合意を得ているとはいえ、制作会社と正式な契約を結ぶには、社内各所の承認が必要になる。いきなり今日この場で契約を締結し、押印するなんて無理に決まっている。

「御社との契約締結については、役員局長会の承認確認後、稟議《りんぎ》を回して、局長、取締役、常務、副社長、社長、会長、そして最後に監査役の承認が必要なので時間がかかります」

西編成局長が冷静に説明する。

「一刻を争う事態なんです。そこをなんとか特例でお願いできないでしょうか」

岡本社長は血走った目で頭を下げ続ける。岡本社長の話を聞いているうちに、プロデューサーとしてなんとか事態を解決しなければと思った。

ちょうどそのとき、同じフロアにある業務本部長室から、常務取締役業務本部長*が顔を出した。番組制作における決裁権を持つのはこの本部長だった。

私は本部長のもとに駆け寄った。

「今日、『パンダ絵本館』の契約書に押印しないとたいへんなことになるのです。こんなお願いをして申し訳ありませんが、なんとか押印していただけないでしょうか」

「突然そんなことを言われても手続きを経ないと押印できないのは常識でわかるだろう」

常務取締役業務本部長
前述した入社面接時、ズボンがずり上がりスネをむき出しにしていた田舎くさいおっさんのひとり。親会社の新聞社にとって悲願であった「大阪局」の開局を先頭で推進した実力者だった。

番組プロデューサーといえど、私は入社1年足らず。本部長と話をするのはこのときが初めてだった。それでも未熟さゆえ、怖いもの知らずの勢いがあった。

「最終的には契約するものなのですから、今日押印だけいただければいいのです。なんとかお願いします」

本部長は打ち合わせの時間が迫っているらしく、しびれを切らしたようだった。

「うるさい。俺はもう出かけないといけないんだ。とにかくそこをどけ」

同じフロアで岡本社長が様子を見ていると思うと、もうあとに引けなくなった。

「いえ、押印してもらうまでどきません」

前に立ちふさがった私に本部長が呆れたように言う。

「おまえは本当に無礼者だな。それなら勝手にハンコをついとけ」

踵《きびす》を返して部屋に戻り、「常務取締役印」を取ってきた本部長はそれを私に放り投げた。後発の弱小局だからこそで、ふつうのテレビ局なら論外の話だったろう。

シリーズ契約で約1億2000万円。* 契約書に書かれた金額と、今まで見たことのないサイズの印鑑に空恐ろしくなったが、あとの祭りだ。私は半ば強引にも

約1億2000万円
当時、アニメ番組だと1本あたりの制作費が最低800万円は必要といわれていた。そんな中、海外向けに販売するディストリビューターがお金を出すことで、シリーズとして格安で仕上げられるというのもこの企画の売りになっていた。

らった印鑑を押印した契約書を岡本社長に手渡した。

某月某日　スポンサー探し：「貸し」と「借り」

ようやくアニメ制作が動き出すと、今度は営業サイドからクレームが入った。番組を買ってくれるスポンサーが見つからないという。

テレビ上方では定例で業務本部会議が開かれていた。編成と営業の調整を行なう場で、ふだんはお互いの連絡事項などを報告し合うだけだが、その日の会議は異様な雰囲気で始まった。

「西さん、『パンダ絵本館』のスポンサー探し、案の定、難航してまっせ。そもそもアニメ番組ちゅうのは、アニメに出てくるおもちゃを売る会社と版権ビジネスを構築して儲かる仕組みを作ってから始めるもんですよ。そんなんもなしに見切り発車してから、とにかく番組提供スポンサーを見つけてくれなんてきっついで」

系列の新聞社から来ていた、スキンヘッドでコワモテの営業部長・近本さんがかます。

「近本君、今回の番組は版権ビジネスの枠組みを超えた自由度の高い作品にしたいんだ。しかし、こんな番組も売れないようでは、××新聞の営業もたいしたことないな」

西編成局長が近本さんの出身新聞社名をあげて挑発し返す。声を荒らげるわけでもないが、落ち着きはらった西局長には独特の迫力がある。

新人プロデューサーの私は蚊帳《かや》の外、大の大人たちが掴みかからんばかりの言い合いの末、最後は近本さんが大きく目を見開き、西局長をにらみつけて言い放った。

「わかりました。こんなアニメぐらい売ったりますわ。ただし、これは編成に〝貸し〟ですからね!」

編成と営業の力関係は局面に応じて変化する。たとえば、視聴率が高い番組については編成の意向*が強くなるし、低視聴率番組だと編成は、スポンサーを探してくる営業に意見しづらい。

編成の意向
テレビ局には「番組考査」が必須だ。「番組考査」とは、放送される番組の内容や表現が適切であるかどうかをチェックするプロセスで、たとえば提供スポンサーと出演者が同一だと「考査上」

今回のように、編成としてはやりたいが、スポンサーに売りにくい番組の場合、編成は営業にお願いして売ってもらう。つまり、編成からすると営業に「借り」を作る*ことになる。

テレビ上方は恒常的に視聴率が低かったこともあり、編成よりも営業の力が強かったといえるが、このときばかりは西局長が押し切った。局長も開局まもない自社でアニメを制作することに大きな意義を感じていたのだ。

なんとか「パンダ絵本館」の放送がスタートしたのだが、また困りごとが起こる。放送を重ねるごとに、アニメ制作が遅れだしたのだ。

通常、制作番組は最低1週間前に納品される。テレビ局側でも内容のチェックなどが必要だからだ。

ところが、回を追うごとに、1週間前のはずが、6日前になり、5日前、4日前……と素材の納品が遅れてきた。

当初は16ミリフィルムでの納品だったのが、これだと編集してフィルムに焼き付ける時間がもったいないということで、途中から1インチVTRでの納品に変

NGと判断される場合が多い。番組考査は編成が行なう。厳密に明文化されているルールがあるわけではないので、担当者の差配次第という面も。

営業に「借り」を作る　逆に、営業が編成に「借り」を作る場合もある。化粧品会社の社長がMCとなり、ゲストとトークする番組があった。これは営業案件で、番組スポンサーは社長の化粧品会社だった。化粧品そのものを宣伝するわけではないが、番組考査上グレーゾーンである。営業としてはこの番組で利益を得られるだけでなく、恩を売ったことで他番組のスポットCMなども買ってもらいやすくなるというわけだ。厳密にいえば、NGなのだが、結局お金に負けて受けることになった。お金は何より強いのだ。

更された。それほど時間に余裕がなくなってきたのだ。

プロデューサーとして制作の内幕をのぞいて初めてわかったことだが、アニメはとにかく手間がかかる。脚本を作り、絵コンテと原画を作る。その後、キーポーズ作成、タイムシートで各フレームの動きの指示。動画の作成工程では原画と原画のあいだを埋める「中割り」を行ない、キャラクターや背景が滑らかに動くようにする。同時に背景美術を描き、色指定、彩色も必要だ。そして、撮影、編集、アフレコ*（声優収録）、効果音、音楽制作、さらに試写・修正……。当時は今のようにデジタルではなく、すべて手作業だったからなおさらだ。

30分アニメだと使い回すオープニングやエンディング、CM*などをのぞいた正味の番組部分が22分程度。ふつうこの時間のアニメを作るには約1万6000枚のセル画が必要になる。「パンダ絵本館」は極力、動きを減らしてセル画を半分の8000枚にしていたが、スタッフ数は通常の3分の1だったから、制作の遅れは当然のことともいえた。

遅れに遅れた納品は前日になり、とうとう放送当日に納品されるという異常事態に陥った。

アフレコ
主人公でもある子パンダの声を担当したのはTARAKOさん。1990年から「ちびまる子ちゃん」で主人公のまる子役を担当する少し前の話だ。

CM
CMは大きく「タイム（CM）」「スポット（CM）」に分けられる。「タイム（CM）」は、「この番組はトヨタ自動車の〝提供〟でおおくりします」とアナウンスされ

当初はアニメ制作会社の門脇プロデューサーが東京から16ミリフィルムを持参して大阪まで納品に来ていたが、それだと受付での入館手続きに余分な手間がかかる。一刻の猶予もなくなったため、ついには私が東京から運んでくるようになった。

放送日の朝、私が東京の編集スタジオで素材を受け取って東京駅へ向かうと、門脇プロデューサーが本社の編成部長に電話連絡を入れる。

「今、北さんがこちらを出発しました」

電話を受けた編成部長は、何時の新幹線に乗って、何時にテレビ上方に到着するかを予測して、プレビュー部署にスタンバイするように指示を出す。

遅刻したり、紛失したりしたら、その日夕方の放送に穴があく。私は東京発・新大阪行きの新幹線に乗り込むと、素材をヒザの上に抱きかかえながら、新大阪駅到着時間にあわせて目覚ましをセット。万が一にも寝すごすことのないように備えた。備えはするものの、「寝すごしてはいけない、盗まれてもいけない」と考えれば、緊張感で眠りにつくことなどできなかった。

新大阪駅に到着すると新幹線を飛び降り、タクシー*に乗り込む。と同時にタク

る「提供枠」スポンサーのもの。この場合、トヨタ自動車は番組の制作費と電波料を支払うことで、この「提供　トヨタ自動車」という提供テロップと提供社名読みを入れてもらえる。CMは提供番組中に流され、30秒CMであるのが原則。一方、「スポット（CM）」は、提供読みがなく、15秒が基本で、番組の放送枠外（たとえば番組と番組のあいだ）で流される。

タクシー
東京支社時代、タクシーチケットを切った際、使用理由に「取引先泥酔のためタク送」と書いたところ、編成部長から「こんなもん、正直に書くやつがいるか。ちゃんともっともらしい理由を書いてこい」と怒られた。

シーのネームカードをもらい、車体番号と乗務員名をメモする。もしも車内に置き忘れた場合の備えだ。

無事にテレビ上方本社に到着するころには、1インチVTRを入れた紙袋の持ち手が汗でびしゃびしゃに濡れていた。

不思議なもので緊急事態も繰り返されると日常になる。当日納品*に慣れ始めたタイミングで、音声監督に呼び出された。

「俺もいろんな修羅場を経験してきたけど、今回の作品は本当にギリギリやで。いつまでもこんなことやっとったら、本当に放送に間に合わなくなる。どうにかしたほうがええで」

そう言われれば、たしかにそうだ。私はすぐさま西編成局長に報告した。すると、西局長は顔色ひとつ変えずに言う。

「バ～カ。いまだかつてアニメが放送に間に合わなかったことなんてないんだよ。制作会社のやつらはいつもそうやって不安にさせるけど、安心して見てりゃ心配ない」

親鳥・西局長にそう言われると不思議と落ち着いてくるものだ。

当日納品
ただ、苦労して帰ってきてもプレビュー室に直行して納品すれば終わり。緊迫感を持っているのは私と編成部長だけで、編成部の面々は他人事だ。私が自分の席に戻って、「今、戻りました。無事納品しました」と報告すると、編成部の面々からは「ああ、お疲れさ～ん」と間の抜けた声がかかった。

それ以来、技術スタッフから「今週は本当に間に合わないかも」と言われるたびに、

「大丈夫です。きっとなんとかなります。最後は私が責任を取ればいいんですから、みなさんも心配しないでください」

と余裕綽々で返事していた。

こうして「パンダ絵本館」は無事に全26回の放送を終えた。*視聴率はさほどよかったわけでもないが、初めてプロデューサーとして1つの番組をやり遂げられたことに私は満足していた。

その打ち上げの席だった。スケジュールを心配し、忠告をくれたベテランの音声監督に声をかけられた。

「みんなで話をしてたんや。北君は1年目なのに、なんであんなに余裕あるんやろ、って。ふつうこんな異常なスケジュールやったらオタオタしてしまうもんやけどね」

「いえ、西局長から、いまだかつて日本のアニメで放送に間に合わなかったことなんて一度もないと言われたんで安心していただけですよ」

無事に全26回の放送を終えた　最終回のラストシーンでは、主人公のパンダの親子が視聴者に向けて手を振るはずだった。ところが、制作が間に合わず、ラスト5秒は手をあげたパンダの静止画を使用せざるをえなかった。制作は本当にぎりぎりで、パンダに手を振らせる余裕すらなかったのだ。

そう答えると、音声監督が大声で言った。

「ええっ！　テレビで手塚治虫の『火の鳥』を制作したとき、放送に間に合わず急遽番組を差し替えたことがあるんやぞ！」

その瞬間、寒気が走った。知らぬが仏*とはよく言ったものである。

某月某日　世紀の大スクープ：イモムシの一番うまい食べ方

バブル期に入ると、世間は未曾有の好景気に浮足立った。弱小局で予算に四苦八苦していたテレビ上方も例外でなく、いつのまにか金回りがよくなってきた。番組購入予算も潤沢に確保できるようになり、その予算でディストリビューター（配給会社）と番組を制作することになった。こうして生まれたのが「世界の旅」というシリーズ番組だ。

「世界の旅――オーストラリア編」「ハワイ編」「カナダ編」と制作され、私も影のプロデューサーとしてオーストラリア・タスマニア島の取材に同行することに

知らぬが仏　この原稿を読んだ編集者から、「『火の鳥』アニメ版の番組差し替えの事実が確認できない」という指摘を受けた。私もネットなどで確認したところ、たしかにどこにも見当たらない。ただ、この音声監督の言葉ははっきりと覚えている。心臓が縮み上がったからだ。彼の脅

なった。

撮影が始まると、アボリジニの人たちがフライパンでイモムシ*をソテーして、リポーターに供してくれた。リポーター役はギャラが安く、長期にスケジュールが押さえられるという理由から、売れない劇団員の坂本君だった。

「いただきま〜す！」

坂本君は元気よくそう言って、イモムシを口に放り込んだ。とりあえず「食べた」シーンを押さえた制作会社のディレクターがＯＫを出し、カットがかかった。すると、坂本君はその途端に後ろを向いてイモムシを吐き出した。

アボリジニたちは怪訝《けげん》な表情で見守っている。坂本君に悪気はなかったのだろうが、出した料理を吐き捨てられて、アボリジニの人もいい気はしないだろう。

現場の空気がまずくなると察した私は前に躍り出た。

「うまそうだから俺も食べたい。そう伝えてほしい」

通訳に頼んで、アボリジニにそう伝えてもらうと、私はフライパンに残ったイモムシを口に放り込んだ。現地の人の反感を買って、今後の撮影がうまく進むはずはない。とにかく撮影を滞りなく進めたいという一心だった。

しだったのか、それとも単なる勘違いだったのか…今となっては確認しようがない。これもまた知らぬが仏だろうか。

イモムシ
アボリジニは木の根元にいるイモムシを貴重なタンパク源として食べている。「ウィッチティグラブ」というイモムシは蛾の幼虫で大きいものは10センチにも達する。

「うん、これはうまい！　うまい！」

私は通訳を介さずとも伝わるように満面の笑みで何度もうなずきながら、イモムシを飲み込んだ。そのときは必死で味のことなど考えなかったが、実際に食べてみると、炒めたイモムシは皮がパリッとして中はジューシーで臭みもなく、決してまずいものではなかった。*

周囲で見ていたアボリジニたちの表情がゆるんだ。ニコニコと笑っている人もいる。なんとかその場の空気を温めることができ、安堵した。

するると、撮影の最初から黙って見ていた長老が話しかけてきた。

通訳によると「おまえには一番うまい食べ方を教えてやる」と言っているらしい。

「ありがとうございます。ぜひよろしくお願いします」

私がそう言うと、長老はザルの中から生きたままのイモムシを1匹取り上げて、自らの口に放り込んだ。「さぁ、おまえも食べろ」と渡されたのはザルの中でも一番巨大な丸々と太ったイモムシだった。

「一番うまい食べ方はこうだ」

まずいものではなかった　取材でウイグル族の村を訪れたこともあった。放牧している羊を捕まえてきて、アラーの神に祈りを捧げたあと、鋭利なナイフで首を切る。彼らは、客人へのもてなしとして用意してくれたのだ。羊の足を折り、素早く全身の皮をはいで肉を切り内臓を出す。長老が手のひらに肝臓や脂肪をのせて客人であるわれわれに差し出す。すべてのビタミンを羊から摂取する彼らにとって脂身、内臓は重要で、われわれへの歓待だ。もちろん、ありがたく頂戴したが、これはか

そう言って長老は口を開き、前歯でイモムシを噛み切るのを私に見せつけると、そのままクチャクチャとおいしそうに咀嚼した。

親切においしい食べ方まで指導してくれたのに背《そむ》くわけにもいかない。私が覚悟を決め、ほとんど半泣きで噛み切ろうとすると、口の中のイモムシが断末魔の痙攣《けいれん》で上顎と舌のあいだをのたうち回る。

血の気が引いて気絶しかけたが、心頭を滅却し、数回噛んで飲みくだした。すると、アボリジニたちが笑顔で駆け寄ってきて、嬉しそうに肩を叩く。「おまえは俺たちのブラザーだ」と言っているらしい。

そして、長老が満足そうに言う。

「おまえには、特別に今まで誰にも撮らせたことのない〝精霊の宿る祠《ほこら》〟を撮らせてやろう。明日、日の出前に私のところに来るといい」

私の決死の行動が、長老の心を動かしたのだ。もしかすると、世界的なスクープを映像に収められるかもしれない。私は鳥肌が立った。

撤収作業中、スタッフが「北さんのおかげで現地の人たちともうまくいきそうです」とか「さすが、プロデューサーの鑑《かがみ》です」と口々に褒めてくれ、鼻が高

なり臭くて飲み込むのも苦労した。

かった。

そんな中、リポーターの坂本君が嬉しそうに駆け寄ってきた。

「いや〜、知らなかったけど、北さんって、イモムシが好物だったんですね」

翌朝、日の出前にスタッフとともに長老のもとを訪れる。撮影班も世界的なスクープに向けて準備は万全だ。

長老の指示のもと、ひとりの青年がわれわれを森の中へと案内してくれた。数十分歩いて到着した場所には、古ぼけた大木が1本立っていた。

青年は大木の横に立つと、地面から50センチほどのところにある大きく窪んだ「うろ」を指さす。

「これだ。〝精霊の宿る祠〟*は今まで外部の人間には決して見せたことはない」

青年は胸を張ってそう言う。だが、私の目にはどこにでもある大木と、なんでもないい木のうろにしか見えない。

撮影班と顔を見合わせる。彼らの顔には「これかよ?」と書いてある。

アボリジニの青年は「どうした、撮影しないのか?」と言わんばかりにわれわ

精霊の宿る祠
アボリジニは何万年にもわたる独自の文化や伝統を持っていて、「ドリームタイム」と呼ばれる神話の世界観が、彼らの生活や信仰の中心だ。自分たちは大地の一部であり、

れを見ている。

「これ、テレビ見ている人に伝わるかな？」私がディレクターにささやくと、

「ナレーションでフォローするしか……」。

われわれは案内役の青年の顔をつぶさぬように〝精霊の宿る祠〟をいろいろな角度から10分ほど撮影した。

もちろん、世紀の大スクープが日本で日の目を見ることはなかった。

大地は自分たちの一部で、石や木、風や水すべてに精霊が宿っていると考える。つまり、「古ぼけた大木」や「木のうろ」にも彼らには精霊が見えていたのだろう。

某月某日　隠密作戦：機密情報の入手ルート

入社から数年が経ったころ、私は東京支社に異動になった。

テレビ局志望の私は、就職活動にあたって東京のキー局を受験しなかった。関西で生まれ育ち、関西の大学を卒業した私には、どこか東京に対する反発心のようなものがあったのだ。

それゆえ、「東京転勤」を告げられたときには落胆する気持ちがあった。

「何年で帰れますか？」

私の不満気な顔を見て取ったのだろう、上司は諭すように言った。

「3年で戻す。しっかりがんばってこい」

東京支社編成局所属となった私は、ネットワーク担当となる。これは系列キー局とのあいだの調整役だ。とくに重要なのがキー局の改編情報の入手だった。

改編期*になると、われわれは「基本番組表」を作成する。これは何曜日の何時にどの番組が放送されるかを示した表で、1クール（3カ月）に1回作成される。これをベースに特番などを盛り込んだものが毎週発行される「週間番組表*」だ。

「基本番組表」には、まずキー局のネット番組が入る。この当時、ゴールデンタイムはほとんどこのネット番組が入った。これはキー局が決めるものなので、われわれローカル局は口出しできない。

それ以外がローカルゾーンで、ローカル局が差配できる。キー局の編成でネット番組を入れられた枠以外のところに、われわれが自社制作番組や購入番組などを入れ込んでいくわけだ。

そして、ローカル局にとって一番大きな案件は自局制作の全国ネット番組枠*を

改編期
テレビ番組の改編期は4月と9月。この時期になると、終了する番組、放送枠を移行して放送日時が変わる番組、新しく始まる番組などが決まっていく。

週間番組表
スポットCMの作案に使われていた週間番組表は長すぎて通常のコピー機にはおさまり切らない。そのため、各テレビ局には週間番組表をコピーするためのコピー機が備えてあった。

自局制作の全国ネット番組枠
「SMAP×SMAP」は関西テレビの持ち枠で、関西テレビとフジテレビの共同制作番組だった。営業的には関西テレビの持つ全国ネット枠なのだが、制作は2社の共同制作となっていた。202

とることだ。レギュラーの全国ネット放送枠はおおむね決まっているものの、土日には単発の特別番組として放送できる共有枠などもあり、入り込めないことはない。全国ネット番組枠がとれれば、ローカル番組より大きな売上げが手に入る。ローカル各局にとって喉から手が出るほど欲しい放送枠で、ローカル局のネットワーク担当はその交渉の最前線*にいる。

われわれテレビ上方の「基本番組表」作りには、キー局の意向が欠かせない。だから、地方局にとって、キー局の新編成の番組案＝基本番組表を一刻も早く手に入れることが重要な仕事となる。

キー局の編成部、業務部（営業推進部）、ネットワーク部と、ローカル局のネットワーク担当者による「ネットワーク会議」は毎週1回開催される。私は週1回、系列キー局に顔を出す*わけだが、改編期になると、本社からの要請で週2～3回、キー局本社に出向く。改編情報を入手するためだ。

しかし、キー局側は編成途中段階の番組表は出したがらない。情報を出せば、ローカル局からいろいろと要望を突き付けられ、自社の編成を妨げられかねないからだ。

5年現在だと、名古屋の中京テレビが「オモウマい店」を全国ネットで放送している。名古屋の放送局がゴールデンタイムに自局発ネット枠を持つことは異例中の異例だ。

交渉の最前線
キー局に対しては「わが社が協賛し、放送を確約している女子のゴルフトーナメントがあるので、この週の土日の夕方の全国ネット枠は外せません。何がなんでも放送枠を出してください」と自社の事情を説明する。一方、自社向けには「この週はキー局の男子ゴルフトーナメントの中継があるので、もしかしたらこの枠は難しいかもしれません」とキー局の事情を説明しながら、枠がとれなかったときの予防線を張っておく。イソップ物語のコウモリのように2つの顔を使い分けることだから、改編期には、情報を出したがらないキー局と、情報を入手したいローカル局のあいだで攻防が繰り広げられる。私はキー局に夜遅くまで居残り、編成部長席のゴミ箱をあさったりしたが、なかなか成果があがらなかった。

私は奥の手を考えた。狙いをつけたのは系列キー局編成部アルバイトの陽子ちゃんだった。陽子ちゃんは真っ赤なリップが印象的な、音大のピアノ科を卒業したお嬢さまだった。

最初はとっつきにくかったが、同世代ということもあり、少しずつ話をするようになり、たまに食事に行く間柄になった。わが社の事業部からもらったアース・ウインド・アンド・ファイアーのコンサートチケットを横流ししたりして仲良くなった。可愛らしい子だったのでお互いに仕事と遊びの端境のようなつきあいだった。

改編期が来たタイミングで、私は陽子ちゃんにお願いをした。

「編成の基本番組表を社内資料としてコピーするやろ。そのときに1枚余分にコピーしてくれへん？」

「ええ、そんなことして大丈夫かな」

になる。

顔を出す
ローカル局の東京支社はほとんど電通のそばにある。電通は銀座→築地→汐留と移転したため、ローカル局の東京支社はほとんど銀座界隈にあった。テレビ上方の系列キー局は以前、東京タワー前（現・東京タワースタジオ）、その後、神谷町、天王洲アイル＋神谷町、今は六本木一丁目。私の時代は東銀座から日比谷線に乗って神谷町に行くのが最短ルートで30分かからなかった（バブル期だけはタクシー移動だった）。

最初は迷っていた陽子ちゃんだったが、「バレへんから大丈夫や」と念を押すと、「それじゃあ、今度持ってきてあげる」と約束してくれた。

「基本番組表を入手したい」という不純なきっかけだったが、互いに秘密を共有している感覚になり、そのうち彼女は私の顔を見ると、恥ずかしそうに頬を染めるようになった。

しばらくは陽子ちゃんルートで基本番組表をいち早く手に入れていたが、あるとき陽子ちゃんに打ち明けられた。

「この前、編成のデスクに呼ばれて、『陽子ちゃんも情報の扱いにはくれぐれも注意してね』って言われちゃった。最近コピーを頼まれることもなくなったし、なんか変だって気づかれているんだよ。もうマズいよ」

これ以上、陽子ちゃんに迷惑をかけるわけにはいかない。

困ったときには正面突破。私は腹を決めて、キー局編成デスクにお願いに行った。

「なんとか最新情報をいただけないでしょうか」

「いやいや、絶対、無理」一言で断られてしまった。

「そこをなんとか」何度も頭を下げてお願いをしていると、編成デスクがだんだんと困った顔になってくる。必死になって頭を下げる駆け出しの青年を可哀そうに思ったのかもしれない。

「うーん。俺はこれから会議に出るけど、俺の椅子の上のゴミを捨てといてくれるかな」

そう言って席を外した。彼の椅子の上には最新の基本番組表が置いてあった。

喜び勇んで大阪本社の編成部長*に報告した。

「おう、よくやったやないか。俺らがいくらお願いしても出してもらわれへん資料をいったいどうやって入手したんや」

編成部長はそう言って喜んでくれた。

とはいえ、基本番組表に重要機密というほどのものは記載されていなかったから、キー局編成デスクも「このくらいなら」という程度のものだったのだろう。

編成部長の大仰なリアクションも若手をうまくおだててくれただけだったのだが、私はデッカイ仕事をやり遂げたような達成感に満たされたのだった。

編成部長
編成部長はテレビ局の根幹で、最重要職種のひとつといえる。このときの編成部長は新聞社出身にもかかわらず、在阪各局の全番組表を「空でいえる」ほど熱心に仕事をしていたが、セクハラ癖があった。エレベーターで女性社員と一緒になると必ずお尻を触る。今なら一発アウトだろうが、この時代には「ほかの女の子はみんなエレベーターの中でお尻を触られたっ

某月某日　帰ってくるな：営業推進部長、厳命す

ある朝、系列キー局のネットワーク局に行くと、テレビ上方本社営業推進部の大竹さんが応接セットに座っていた。こんなに早い時間*にいるということは、大阪から始発の新幹線に乗ってきたのだろう。

大竹さんは、新聞社の技術部門からテレビ上方の技術部門に出向してきたはずが、いつのまにか営業推進部に異動になった気の良いおじさんだった。

本社の編成時代、大竹さんと一緒に仕事をしていたときの話。ある番組を担当していた私のところへ大竹さんがやってきた。手にはテロップを持っている。

「北君、次の放送、野球中継が延びた場合はこのテロップを入れてくれへん？」

テロップを見ると「スポンサーのご厚意により放送時間を変更して放送しています」と書いてある。

その週は野球中継があり、放送時間が延長されると、後続のレギュラー番組の

ていうのに、なぜか私だけ触らないんですよ」と不満気に愚痴る子もいた。

こんなに早い時間　東京支社の出社時間は9時半だったのだが、私は本社編成局の配下という扱いのため、10時出社だった。ただ、入社数年の若手がほかの社員より遅く来るわけにもいかず、9時半前には出社していた。

放送時間がズレる。そこにこのテロップを入れろと言うのだ。営業からすると、「スポンサーに了承してもらって」提供している番組の放送枠を変更したことは事実だ。

だが、それは局とスポンサーとのあいだの話で視聴者には一切関係がない。わざわざ「スポンサーのご厚意により」などとテロップで表示させることなどテレビ業界の常識としてもありえない。

テレビ業界のことを知っていれば、こんなことは言わないはずだが、きっと経験の浅いスポンサーや代理店が要求したのだろう。であれば、営業として理由を説明して断ればいいところを、そのまま受け入れ、テロップを作って持ってくる大竹さんにも呆れた。

「こんなのは視聴者に関係ないじゃないですか。今までこんなテロップを入れたことはありませんし、ダメですよ」

私がきっぱりと言うと大竹さんの顔がゆがんだ。

「そんなん言わんと入れてえや。もうＯＫしてしもうたんや」

すがりつくように言う。だが、ダメなものはダメだ。

「ダメです。こんなものは許可できません」

キツめの言葉で断った。それでも拝み倒すように、「なんとかしてや。今回だけでええねん」としつこい。らちがあかないので、「入れられへんもんは入れられへんのです」と言って、テロップをその場でビリビリに破り捨てた。

大竹さんは実直で真面目な人だったが、自己主張がなく、誰かに言われたまま実行するタイプで、お世辞にも仕事ができるとはいえなかった。

そんなことを思い出しながら、ソファーに座る大竹さんに声をかける。

「大竹さん、どうしたんですか？」

「営業推進部の近本部長*に、うちの放送枠がとれるまで帰ってくるなと言われたんや」

大竹さんはいまにも泣き出しそうだ。

営業推進部長はスキンヘッドでダブルのスーツを着た極道系の近本さん。見た目ばかりではなく、言動も荒っぽい。営業職にとってみれば、それは押し出しの強さとしてプラスでもある。

そんなコワモテ部長に東京出張に行かされ、放送枠がとれるまで帰ってくるな

営業推進部の近本部長　前述で「営業部長」だった近本さんは、このとき「営業推進部長」に異動していた。スポンサーや広告代理店対応の外回りがメインになる「営業部」に対して、「営業推進部」は外勤営業と編成・制作とのあいだに入る立場になる。いずれの部署でも、近本さんはコワモテの押しの強さで活躍していた。

とどやしつけられた大竹さんは朝イチからそこに座っているわけだ。

前述のとおり、テレビ上方の番組を全国ネットで放送するためには、キー局に放送枠を出してもらわないといけない（キー局が放送枠を出してくれると系列他局もそれに追随して放送枠を出してくれる）。

なかなか放送枠を出してくれないキー局に業を煮やした極道・近本部長が、大竹さんを交渉役として派遣したのだ。

だが、居座られるキー局にとっては迷惑千万な話。情けない顔をした中年男性が朝からずっと来客用の応接ソファーに座っているのだ。

放送枠を出すのは編成で、それを了承するのは営業なので、そこに座っていて放送枠が出てくるわけではない。キー局の顔見知りたちも私に向かって、「あれ、おたくの局の人じゃないの？　なぜ朝からずっとあそこに座っているの？」と怪訝な顔で聞いてくる。まさか「放送枠がとれるまで帰ってくるなと言われたそうです」とも言えず、「いろいろと事情があるみたいなんです」と適当にごまかすしかなかった。

結局、その日はキー局の退社時間になっても、大竹さんは忠実な番犬のようにそこに座っていたそうだ。「そうだ」というのはキー局の知り合いが後日、教えてくれたのだ。

そのまま彼を残して帰るわけにもいかず、深夜に大竹さんを社の外に追い出すことになった。大竹さんはキー局の社員とともに社屋を出ると、その場の公衆電話*から近本部長に電話をかけたという。

「ダメでした。この時間まで粘ったのですが、放送枠は出てきませんでした」

涙声でそう報告したものの、電話越しに怒号が聞こえてきて、大竹さんはとうとうその場で泣きじゃくったという。

近本部長にしてみれば、こんなことで番組枠がとれるとは思っていないはずだ。〝使えない〟大竹さんに対する懲罰、もっと直截に今の言葉でいえばパワハラといえた。

それからしばらくして、大竹さんの左耳が突発性難聴で聞こえなくなったという話を聞いた。

原因不明でいくつかの病院を回ったが、なかなかよくならない。いくつ目かのクリニックで医者のカウンセリングを受けて、ようやくその原因らしきものが判

公衆電話
このころはまだ誰も携帯電話など持っていなかった。携帯電話が登場したのは1985年ごろで、重さが3キロある、肩掛け式のバカデカイものだった。保証金20万円が必要なうえ、通話料金も1分100円と高額で一般の人が使用できなかった。その後、徐々に軽量化する。昭和天皇崩御（1989年1月）の前、緊急対応ができるようにと私も会社から携帯電話を貸与されたが、それでも1キロ近くあって、持ち運びに難儀した。

明したという。

大竹さんのデスクの左斜め前が極道・近本部長のデスクだった。大竹さんは近本部長に左側を向ける形で座っていた。日々、部長から叱責され、そのストレスが突発性難聴を引き起こしていたのだ。

某月某日　ある錬金術：テレビ業界の闇

「おい、北、今週の『週刊近代』見たか？」

キー局のネットワーク局の梅野さんがひそひそと聞いてくる。深刻そうな表情を作っているが、どことなく嬉しそうでもある。

「JRの中吊りで見ましたけど、『日本歌謡大賞』のことですか？」

「そう、それ、それ！　うちの社内でも結構な話題になってるよ」

梅野さんは嬉々として自局内の騒ぎを教えてくれた。

その週に発売された「週刊近代」には、某キー局のプロデューサーが大物演歌

歌手・五木ひろしのマネージャーに殴られたという内容の記事が掲載されていた。

ＴＢＳが放送する日本レコード大賞*に対抗して作られたのが「日本歌謡大賞」で、ＴＢＳ以外の民放キー局が持ち回りで放送していた。

記事によると、某局の大物プロデューサー・熊谷氏が、自局が「日本歌謡大賞」を放送する年に、五木ひろしに大賞を受賞させるという約束のもと、接待を受けたり、金品の授受をしていたという。ところが、いざ放送年となってみると、大賞を受賞したのは別の歌手。そのことに五木ひろしのマネージャーが激怒し、収録現場で熊谷プロデューサーを殴ったという。週刊誌ネタではあったが、私の知人の中にもその現場を見た人がいて、どうやら記事内容はほぼ事実らしい。

音楽業界は一発当たれば莫大な利益が転がり込む。そのため、なんとか一発当てるために、あの手この手が使われることになる。一番わかりやすいのが賞レースで、そのために便宜を図ったのに見返りを得られなかったマネージャーが実力行使に出たのだ。

「熊谷さんもいろいろ悪い噂があったからなあ。自業自得みたいなところだろ」

梅野さんは仕方ないといった態《てい》で何度もうなずいた。梅野さんの言うとおり、

日本レコード大賞
スポーツ紙を含む各新聞の記者が中心となって決定する音楽賞。主催は公益社団法人日本作曲家協会、後援はＴＢＳ。１９６９年から大晦日に生放送されることになり、視聴率も紅白に迫るまでになる。１９８７年に「愚か者」で大賞を受賞した近藤真彦をめぐっては、母親の遺骨を盗んで受賞辞退を迫る脅迫事件が発生。逆にいえば、それほどこの賞に重みがあったということだろう。近年では受賞を辞退する歌手も増え、権威は大きく失墜している。

熊谷プロデューサーは毀誉褒貶《きよほうへん》の激しい人だった。

彼はいくつかの音楽番組を担当し、番組はどれも高視聴率を記録していた。とくにアイドルの登竜門ともいえる番組は大人気で、タレント事務所も売り出し中のアイドルを出演させたくて仕方がなかった。

こうした権力を背景に、熊谷プロデューサーはある錬金術を生み出した。彼はプロデューサーとして番組のキャスティングを支配するのと同時に作詞家としての顔も持っていた。

熊谷プロデューサーはこれと見込んだ歌手の作詞を手掛ける。レコードのB面には彼が作詞した作品が入る。彼の番組でその歌手はプッシュされる。歌手が売れ、レコードがヒットすれば、彼のふところには莫大な作詞印税*が転がり込むという算段だ。

熊谷プロデューサーには女性関係の噂も絶えなかった。まだ売れていない女性歌手が彼の担当する番組に出るための最短コースは、彼と肉体関係を持つことだとささやかれた。歌唱力の有無よりも、彼好みの顔立ちかどうかが重視されるという。局のほうでも熊谷氏のグレーな面は承知しながら、彼の実力を利用するた

莫大な作詞印税
印税は「音楽出版社」が50％程度の取り分で、残りを作曲家と作詞家で折半するのが一般的。当時はサラリーマンであるテレビ局員に副業は認められておらず、熊谷プロデューサーはそれだけでもアウトなのだが…。

めに黙認していたわけだ。

音楽番組隆盛のこの時代、テレビ局はどこも「音楽出版社」を設立していた。事務所が推薦してくる歌手を自局の音楽番組に出演させる代わりに、テレビ局の「音楽出版社」が楽曲の音楽出版権を管理*する。歌が売れれば売れるほど、テレビ局と事務所（歌手と楽曲の著作権者を含む）の双方にとっておいしい仕組みというわけだ。

音楽番組を持っていなかったテレビ上方でさえ、「番組のエンディング曲として使ってほしい」とか「天気予報の後ろで流せないか」などというレコード会社からの要望はひっきりなしだった。

あるとき、テレビ上方の局内で古本興業の社員に呼び止められた。彼とは一緒に仕事をしたこともあり、顔見知りになっていた。

「北さんのやってる番組で、この曲を使ってもらえませんか？」

そう言ってCDを手渡してくる。古本興業所属のタレントがリリースした新曲らしい。相手の意図が読み切れず、「担当ディレクターに聴かせてみますよ」と逃げを打った。

音楽出版権を管理
音楽出版社は、作詞・作曲者などの著作権者からその楽曲の著作権を預かり（これを「音楽出版権」という）、元の著作権者の代わりに楽曲のプロモーションや著作権管理を行なうことで手数料収入を得る。

「いやいや、北さんのお力なら、うまいことやれるでしょう。オープニングでもエンディングでもいいんで、ワンクール（3カ月）お願いしますよ」

ベタッとした笑顔で言い寄る。下心が見え見えで、あまりいい気はしない。

「聴いてみないことにはなんとも言えませんからね」と言うと、

「少しですけど、このぐらいならお小遣い渡せますので」と言って、片手を広げる。5万円ということだろう。ずいぶんと安く見られたものだ。イラッとして、

「曲が良ければそんなお金は不要ですし、曲がイマイチならいくらお金をもらっても使えませんよ」と言った。

彼はこんなことは慣れっこなのか、表情を変えず、「じゃあ、頼みますね」と言って去っていった。

その後、もらったCDを番組ディレクターと一緒に聴いた。パッとしない曲だったこともあるが、古本興業担当者との後味の悪いやりとりがあったこともあり採用しなかった。彼もきっとダメ元で手当たり次第アプローチしているのであろう。その後、局で顔を合わせても何も言ってこなかった。

音楽番組を担当したことのない私でさえこうなのだ。人気音楽番組に携わるプ

オイシイ話
民放連（日本民間放送連盟）が発行する「会員社人名簿」というものがあった。この分厚い冊子には民放連加盟社の全社

ロデューサーにどれだけオイシイ話*がもたらされるかは推して知るべきだろう。
カネと女の噂の絶えなかった熊谷プロデューサーはそれからも業界内で力をふるった。あんなトラブルなど最初から存在しなかったように。

東京支社での勤務が５年をすぎたころ、私は大阪本社に呼び戻された。社の規定では東京赴任は最長５年とされていて、当初は「３年程度」という約束だった。それがいつのまにか延長され、結果的に５年３カ月に及んだのだ。

赴任したばかりのころ、周囲の「東京弁」に戸惑った。私にとってはどうにも気取った言葉で、「東京弁」で話しかけられると、本音が見えない気がして、なんともやりにくかった。

だが、ひとたびなじんでしまえば、東京での生活*は楽しかった。

まず、東京支社には人員が少ない。直属の上司は大阪本社にいるから、〝上〟からゴチャゴチャ言われることもない。東京支社は、締め付けや管理が行き届かない〝治外法権〟のような場所だったのだ。

そして、何より、東京での仕事は華やかだった。大阪本社の仕事といえば、関

員の名前、役職、住所、電話番号などの個人情報がすべて記載されていた。テレビ上方ではこれが業務本部長席の書類棚に置かれてあり、誰でも簡単に閲覧できた。どういうわけか、私のところにも電通から盆暮れにタオルが届けられた。きっとこの資料を利用したのだろう。

東京での生活
東京に社宅などなく、私は上司の口利きで大田区の蒲田（かまた）に部屋を借りた。赴任前に「蒲田ってどんなところですか？」と、東京暮らしの長かった西編成局長に尋ねると、「まあ、十三（じゅうそう／大阪市淀川区に位置する繁華街）みたいなところさ」と言われた。「十三みたいなところ」かは別にして、蒲田は住みやすい街だった。

西芸人たちをメインにした番組作りなのだが、ここではキー局のスタジオにきら星のようなスターたちが行き来している。

その番組作りに携わるわけでもなく、局のスタジオ前を通りすぎるだけなのだが、いままでテレビで見ていたタレントが自分の横を歩いていると、別世界に降り立ったように興奮した。キー局の人間からは、熊谷プロデューサーの噂のような〝業界ネタ〟が次々に耳に入ってきた。私はそこにいるだけで、いっぱしの業界人になった気がしていた。

そんなこともあり、大阪本社への帰任を告げられると、私は東京に後ろ髪を引かれる思いになった。行くときも帰るときも躊躇しているのだから、世話のない話*である。

世話のない話
じつはこれ、テレビ上方の社員ほぼ全員に共通することらしい。誰もが行くときは嫌だと言うのに、いざ帰るとなると、まだ帰りたくないと言う。「井の中の蛙大海を知らず」、東京という大海を知ってしまうと、そのスケールに魅了されてしまうのかもしれない。

第2章

番組予算が足りません！

某月某日　ほ〜ら綺麗でしょ：センセイの魔法の言葉

「戻ってきて早々で申し訳ないねんけど、営業企画の番組1本、担当してほしいねん」

東京から本社編成部に戻ったばかり*の私に編成部長が声をかけてきた。

「もともとうちの営業が広告代理店と一緒になって、中洲クリニックとかスポンサーを数社見つけて企画を立ち上げたんや。司会は角広志で、中洲クリニックの回は女の子の整形のいろんなことを紹介する情報バラエティーや。人事異動で引き継ぐプロデューサーがおらへんから、頼むわ」

編成や制作が主導となって企画し、営業がスポンサーに売りに行く「自局制作番組」に対し、営業が主導してスポンサーありきで番組を制作し、番組制作費も売上げに計上するのが「営業企画番組」だ（ちなみに制作費を計上せずに電波料だけをもらって放送するものを「営業持ち込み番組」と呼んでいた）。この番組はすでにス

本社編成部に戻ったばかり
プライベートではこのころに結婚した。妻は「理解がある」というのか、「無関心」というのか、私が連日深夜の帰宅になってもなんら干渉してこなかった。要は放任主義だったのだ。

4社のスポンサー
1つの番組に複数のスポンサーがつくのに対して、牛乳石鹸提供の「シャボ

ポンサーが決まっているうえ、制作費も計上できるため、営業的にはありがたい仕事といえる。

編成部長の説明によると、テレビ上方の営業が女性の整形をテーマにしたバラエティー番組を構想し、美容整形外科・中洲クリニックに持ちかけたところ、OKが出たのだという。4社のスポンサー*が毎週週替わりで提供して、中洲クリニックの担当回は月1回だ。

「営業ガチガチの番組やから、とくにすることもないねん。交際費も1本3万円ついてるし、問題ないやろ?」

交際費というのは、関係者で食事をしたり、タレントと飲んだりする際の費用で番組ごとに支出され、プロデューサーが差配できる。1本3万円の交際費はテレビ上方ではまずまずの金額だ。

「わかりました。営業が暴走*しないようにチェックだけしておきます」

こうした営業主導の番組はともすればスポンサーの意向に必要以上に迎合し、露骨な宣伝臭が出ることがあるため、プロデューサーの立場で抑制しなければならない。そこだけ注意すれば大きな問題はなかろう。こうして私はプロデュー

ン玉ホリデー」（日本テレビ）や、ロート製薬提供の「クイズダービー」（TBS）、日立グループ提供の「日立世界ふしぎ発見！」（TBS）などのようなスタイルを「1社提供番組」と呼ぶ。企業のブランドイメージを高めるために作られ、番組制作費と電波料を1社のスポンサーが負担する。昭和から平成初期にかけてこの形式が多く見られたが、現在では少なくなっている。

営業が暴走 他の在阪局とくらべて視聴率が悪かったテレビ上方はお金を稼ぐためであれば、何をしても割と自由に許されていた。スポンサーをとってきてくれる広告代理店に対して、旅行に招待したり、売上げ金額に応じて商品券を提供したり、あの手この手で接待していた。

サーを務めることとなった。

放送時間は土曜日の午前中*。この時間帯はローカル局にとって非常に重要な枠だ。というのも、ゴールデンタイムと土日放送枠*はほとんどキー局のネット枠で、われわれローカル局は手出しができない。その点、土曜日の午前中のいくつかの枠はわれわれがフリーハンドで稼げる。

広告代理店の担当者との打ち合わせの席のことだった。

「中洲先生の奥さんがやり手なんですよ。自分も医者なのに自ら施術の実験台になって宣伝したりするんですよ。中洲クリニックはこれからもっと伸びますよ」

その広告代理店はほとんど中洲クリニック専業で、中洲クリニックの成長とともに業績を伸ばしていた。代理店の担当者・湯浅さんは自慢げに続ける。

「もともと最初にオープンした名古屋のクリニックのすぐ横に信販会社があったんですよ。この関係がミソなんです」

「ミソというと?」

「クリニックに二重《ふたえ》手術にやってきたお客さんに、中洲先生が『二重だけじゃな

土曜日の午前中
基本的にこの時間帯の中に在阪局発の全国ネット番組があることが多い。毎日放送の「すてきな出逢い　いい朝8時」(1983年〜2001年)や、朝日放送の「朝だ!生です旅サラダ」(1993年〜)など。ちなみに、プライベートでは金曜夜は朝まで飲んでいたので、土曜日の午前中は粗大ゴミ状態だった。

ゴールデンタイムと土日放送枠
ゴールデンタイムと土日の放送枠を「逆L字」(番組表上でこの時間帯を塗りつぶすとL字を逆にした形になるため)と呼び、スポットCMでも人気のゾーンとなる。ほ

くて、あと鼻にプロテーゼを入れたら鼻筋が通って最高に綺麗になるよ』なんてささやくんです。でも若い女の子はそんなにお金を持っていない。そこで先生が魔法の言葉をかけるんです」

「魔法の言葉？」

「そう。隣の信販会社を紹介してあげるから、そこでローンを組んだら月々の支払いもたいしたことないし、うちからの紹介なら優遇金利でローンが組めるからって。これで一丁あがりってわけ」

　代理店の湯浅さんはわがことのように鼻高々に中洲クリニック成功の秘訣を語った。

「なるほど。そうやって稼いで、そのお金をテレビ番組やＣＭに投じて、また新しい顧客を開拓するというわけですね」

「そうです。だから、今回の番組もたくさんの人に見てもらって、その人たちがゆくゆくは中洲クリニックで施術してもらえば、スポンサー費用も十分に元がとれるんです」

　こうして中洲クリニック提供の「角広志のクールチャンネル」がスタートした。


かにも「コの字（平日の朝帯＋プライムタイム（19：00〜23：00）＋土日全日）」「ヨの字（平日の朝帯＋昼帯＋プライムタイム＋土日全日）」などがある。

番組で扱う整形手術は多岐にわたる。二重まぶたなど眼瞼《がんけん》の手術や、鼻を高くする隆鼻術《りゅうび》、顔のたるみをとるフェイスリフト、豊胸手術などだ。

ある回の放送では、20代で胸の小ささにコンプレックスを抱えるという女性が豊胸手術を受けることになった。これから手術を受ける女性に取材し、術前の映像とインタビューを収録。そして、術後の本人がスタジオに登場し、中洲院長や司会の角広志らとやりとりするという流れだ。

「それでは登場です！」

番組のクライマックス、司会の角広志が叫んだタイミングで幕が上がり、上半身裸の女の子が登場してきた。２０２５年現在では信じられないが、当時は土曜日の午前中にこんな番組が茶の間に流れていたのだ。

おおっ！　スタッフが番組を盛り上げるための歓声*を上げる。

ただ、スタジオの一番後ろのモニターで眺めていた私はその光景に得もいえぬ違和感を覚えた。何かがおかしい。

女の子の上半身をよく見てみると、たしかに術前よりも胸が豊かになっているのだが、左の乳首は上を向いており、反対に右の乳首は下を向いている。失敗し

番組を盛り上げるための歓声
「ドリフ大爆笑」などバラエティー番組では編集であとから録音笑いを追加する手法が用いられるが、個人的にはこれが大嫌いで自らの番組でこの

た福笑いのおたふくさんの目みたいに乳首が互い違い*なのだ。

「ほ～ら、あんなにぺちゃんこだった胸がこんなに綺麗になってほんとに良かったね～！」

　スタジオの中洲先生は声高らかにそう言う。女の子は嬉しいのか、恥ずかしいのか、うつむき加減ではにかんでいる。

　フロアにいるスタッフたちも互い違いになった乳首から目を離せず、困惑している様子だ。

　自局主導の制作番組なら、「ちょっといったんストップしよ」となるレベルなのだが、営業企画番組はスポンサーの意向が最優先される。中洲先生は上機嫌なので、ここでさえぎるわけにもいかない。

　収録後、私はディレクターに尋ねた。

「胸、おかしかったの気づいたやろ？　あれ、編集で少しは補正できるかな？」

「あそこまで互い違いだと、なかなか難しいかもしれません」

　今のようにCGなどあまり使えない時代。仕方なくそのまま放送した。

　これには後日談がある。私の知り合いに整形したいという女の子がいて、広告

やり方をしたことはない。ただ、テレビショッピングなどでウケの良いセミプロのおばちゃん観客を入れることはあった。

乳首が互い違い
あとから別の美容整形外科医に聞くと、人間の身体は左右対称ではなく、もともと少しだけズレていた乳首の位置が、シリコンパッドを入れることでさらに広がり、こんなことになったらしい。その外科医は「まあ、それも想定して補正するもんですけどね」と苦笑いしていた。

代理店の湯浅さんに話をした。

「まかせてください。お世話になっている北さんの頼みですから、中洲クリニックで一番手術がうまい先生にやってもらうように言っておきます」

「一番うまい先生？　それは中洲先生じゃないんですか？」

「いや、中洲先生には絶対に手術させません。女の子には中洲先生が執刀しないのかとガッカリしないように言っておいてくださいね。逆に喜ぶべきことなのですから」

「どうしてですか？」

「中洲先生は海外から新しい技術を持ってきたりするのは得意なんですけど、決して執刀が得意というわけではないんですよ。なんせ彼が一番得意なのは商売なんです」

ジョークだったのか本気だったのかはわからないが、その後の中洲院長の活躍を見ていると、商売がうまいことだけは間違いがなかったようだ。

某月某日「プール金」活用術：不審な技術費用

編成部の特番担当として、プロデューサーからの予算書を見ていて、あることに気づいた。プロ野球中継*の技術費がずいぶん高いのだ。

編成部には制作や報道のプロデューサーから、番組ごとの予算書が提出される。この予算書には経費の細目が記載されている。たとえば、プロ野球中継の場合、中継車1台、カメラ7台、カメラマン7名、カメラアシスタント6名、VE（ビデオエンジニア）1名、音声機材一式、音声マン4名……などというような具合で、細目ごとに料金の記載がある。これらを積み上げたものが番組の要望予算となり、それを編成がチェックし、「これは不要だ」とか「ここは高すぎる」といったすり合わせを行ない、最終的に予算が決定する。

編成の仕事は、適正な予算の管理・執行だ。どの番組にどれだけ予算配分するかは編成部に決定権がある。編成は、制作から出てきた予算をチェックし、適正

プロ野球中継
隔世の感があるが、この当時、プロ野球ナイターはゴールデン帯での放送が当たり前だった。大阪の阪神タイガース戦は独立U局のサンテレビが全試合放送。毎日放送、朝日放送、関西テレビ、読売テレビの放送が終了したあとも試合終了まで中継したため、大阪では「阪神タイガース戦＝サンテレビ」という印象が強かった。後発のテレビ上方は甲子園の阪神主催ゲームは放送できず、広島市民球場の広島・阪神

な予算で番組を作ってもらう。*

もちろん予算を抑えるに越したことはないが、制作費を削りすぎて番組作りに支障が出たら元も子もない。現場から上がってきた予算書の制作費が安すぎると感じて、予算の増額を指示することもある（テレビ上方ではレアケースだったが）。

編成はたくさんの番組の予算書を見てチェックするので、番組制作費の詳細が頭に入っている。

プロ野球中継の制作費に違和感を覚えた私は過去の予算書と比較してみる。カメラの台数やスタッフの人数が不自然に多く、以前の中継時予算よりも150万円ほど高くなっているのだ。

不審に思い、担当プロデューサーの木浪さんに確認した。

「今度の野球中継の費用、ふだんより高くないですか？」

「こんなもんやで」

木浪さんは涼しい顔で言う。木浪さんは私と同い年だが、一浪一留の私よりも2年先輩にあたる。2年間の現場経験の差は大きく、私からすると、木浪さんは

戦（広島主催試合）や神宮球場のヤクルト・阪神戦（ヤクルト主催試合）、横浜スタジアムの大洋・阪神戦（大洋主催試合）を年間10試合ほど放送していた。

適正な予算で番組を作ってもらう
番組予算は「上期予算」「下期予算」と半期ごとにすべての制作番組の予算を合算した総額が決められている。テレビ上方では、売上げ全体の30％程度が制作費の総額の目安となっていた（これを「制作予算比率」という）。数多くの番組を作るキー局は制作予算比率が高くなり、ネット番組を流すだけのローカル局は制作予算比率が低くなる。制作予算比率が低いほど、利益率は高くなる。キー局が作った番組を垂れ流していれば、経費も少なく利益率も高いというわ

職人の佇《たたず》まいすら感じさせる。その彼に「こんなもん」と言い切られるともうそれまでなのだが、編成として正確な情報は把握しておく必要はある。

それならばと、系列の技術会社の営業担当・佐藤さんを呼び出した。テレビ上方では、技術系の機材や人材は系列の100％子会社に発注することになっている。その営業担当・佐藤さんは、私とそれほど年齢は変わらないが、南方系の濃い顔立ちでベテランの風格があり、ギョロッとした目は古ダヌキを思わせる。テレビ上方がその会社に発注する技術系費用はこの佐藤さんがすべて把握しているといっていい。

「この中継費用、高すぎないですか？」予算書を示しながら尋ねると、

「よう気づいたな。阪神戦のプロ野球中継は制作費が潤沢につくんで、『余分に払うからそっちでプールしといてください』と言われてるんや」

人のいい佐藤さんは内情をサラッと暴露してくれた。

やっぱりそうだったか。今回の中継だと、750万円で制作できるところを900万円の費用で計上し、150万円を、佐藤さんの技術会社にプールしたことになる。木浪さんの秘密をあばいた気がして、爽快感の中にちょっとした後ろ

けだ。しかし、それではテレビ局ではなく、CM放送局になってしまう。われわれローカル局は予算と矜持のあいだで悪戦苦闘するのだ。

めたさも覚えた。

私の心の揺れに気づくそぶりもなく、佐藤さんが続ける。

「これは木浪ちゃんだけの話じゃないねん。キー局でもどこの局でもやってる話や。とくにおたくんとこの上層部はテレビのプロが少ないのでモノの値段がわかってない人が多いんや。だから、なんとなくお金がかかりそうなイメージの番組に予算をつけすぎたり、もっと予算が必要なのに営業が売りにくいと主張する番組の予算は削られたりして、おかしなことになってるねん」

これまでなんとなく感じていたことが、佐藤さんの説明でクリアになる。

たしかに、大きな番組は予算を獲得しやすい。たとえば、オートバイのロードレース世界選手権*（現在のMotoGP）には数千万円単位の予算がついた。

「木浪ちゃんの部下にラグビー部やアメフト部出身のやつらがおるやろ。そいつらがラグビーやアメフトの中継をしたいというから、プロ野球中継で浮かせた150万円を、ラグビーやアメフトの制作費に充当してんねん」

なるほど。たしかに営業的に売れない（売りにくい）番組だと予算も獲得しにくい。社会人のラグビー中継や大学のアメリカンフットボール中継は制作現場の

オートバイのロードレース世界選手権
世界最高峰のオートバイレースシリーズで、オートバイスポーツの中でもっとも権威のある大会。わかりやすくいうと二輪のF1グランプリだ。当初は世界中で人気の高いこのレースの映像を購入して放送していたが、のちに鈴鹿サーキットのレース（日本グランプリ）を自局で中継し、世界中に発信するようになった。さらに世界中のレースも取材して独自映像などを流すようになった。ニール・マッケンジーという人気レーサーがいて、彼の話を社内で

熱意に反して、予算もありえないほど少なかった。

余剰資金を生み出して私服を肥やすわけではなく、プロ野球中継のプール金を、マイナーなスポーツ中継*に用いていたのか。これは悪事といえるのかどうか……。

私は佐藤さんから、すべての番組における技術費のプール金額を聞き出し、こちらで把握した。そして、この秘密を誰にも言わず、自分の胸の内にとどめておくことにしたのだった。

某月某日　先見の明：出来レースの結末

技術会社の古ダヌキ・佐藤さんから連絡があった。

「おもろいバンドがおるんや。ウルウルズっていって、まだ駆け出しなんやけど、一緒に観に行かへん？」

見たことも聞いたこともないバンドだったが、佐藤さんの熱に負けて、一緒にライブを見に行った。生で見るライブパフォーマンスは熱気にあふれていたもの

していたところ、事業部長が「へえ～、すごいね。彼は、歌を歌って、鳩レースもするうえ、オートバイレースまでやるんだ」と感心。われわれは「？」となったが、その後、部長がいうのは「新沼謙治」と判明した。

マイナーなスポーツ中継　テレビ上方では関西六大学リーグの野球中継も行なっていた。恐ろしく弱いコンテンツなのだが、なんらかのしがらみがあって放送していたのだろう。テレビ上方の新人アナウンサーがこの中継で実況デビューした際、緊張のあまり番組開始からしゃべり出しまで10秒以上フリーズし、その後も噛みまくって放送事故級の出来だったこともあった。そのせいか、彼はその後まもなくアナウンサー職から一般職に転じることになった。

の、演奏も歌も粗削りすぎるし、私には曲も歌詞もいまいちピンとこない。

「すごいやろ。こいつらは伸びるで。先物買いしておいたらええんちゃう?」

佐藤さんはそう言うが、このレベルのバンドならほかにもたくさんいる。競争を勝ち抜き、スターダムにのし上がるためには才能だけではなく、運やタイミングも必要だ。テレビマンの勘として、彼らが売れるとは思えなかった。

それでも佐藤さんの熱に押されたのと、彼に「貸し」を作っておくのも悪くないと考え、番組を制作してみようと目論んだ。

だが、知名度ゼロのバンドのライブなど、正面突破ではまず番組企画が通らない。そこで私は一計を案じた。

制作の木浪プロデューサーに話を持ちかけ、企画書を書いてもらい、編成に出してもらうことにした。木浪プロデューサー発信の企画を、私が後押しする形にしたのだ。1人が推す企画より、2人が推す企画のほうが通りやすい。編成内部の根回しは私がやった。要は出来レースだ。

問題は予算だ。通常、ライブを収録すれば、費用は300万円はくだらないのだが、テレビ上方で駆け出しバンドの番組に300万円もの予算がつくことはありえない。実際、このときに下りた予算は100万円だった。

佐藤さんは「うちでなんとかする。こういうときのプール金やし、自分の裁量でコストも安く抑えることができるから」と豪語する。〝推し〟のバンドをなんとかしてやりたいという思いなのだろう。

佐藤さんの仕切りにより、技術費は通常の半分以下で抑え、プール金を用いることで、なんとか予算内にまとめた。

収録は大阪駅近くの高架下にあったライブレストランで行なわれた。場内には滝が作られていて、滝の音や電車の通過音が入るため、番組収録にはあまりよい環境ではなかったが、ライブそのものは大いに盛り上がった。何より、ウルウルズの事務所の社長は、駆け出しバンドのライブにテレビ収録が入ったことに大喜びだった。

テレビの影響力は絶大だ*。事務所の社長もこの放送がスターダムにのし上がるきっかけになると期待したのかもしれない。

ところが、フタをあけてみると、番組の視聴率はクソミソだった。さらに視聴者からの反響も皆無だった。無名バンドの番組なのだから、まあ仕方ない。切り

テレビの影響力は絶大
影響力が大きくて困ることもある。ある芸人が、番組に出演した女の子を「ちんちくりんがハイブランド着て、似合ってねーぞ」と茶化した。その場の笑い欲しさのコメントだったが、どこかからかそれを聞きつけた女の子の母親が激怒し、局にクレーム電話を入れてきた。制作局長と2人で謝罪に行った。豪邸の玄関には虎の剥製が置いてあり、客間に通されると床の間に日本刀が飾ってあった。母親いわく「今日お父ちゃんがいたら、あんたらとんでもないことになってたで」。生きた心地がしなかった。

替えが早くなければプロデューサーなどやっていられない。

放送後、佐藤さんに視聴率を伝えた。

「そうか、ダメやったか……。あいつら、絶対に売れると思うんやけどなあ」

〝推し〟バンドの反響のなさに落胆する佐藤さんを私はこう言ってなぐさめた。

「がっかりせんといてください。歌でも演技でも芸能界は厳しい世界ですよ。売れるタレントをあらかじめ見抜くなんて簡単にはできませんよ」

それにしてもウルウルズがその後こんなにも売れるとは、あのときの私にはまったく想像できなかった。

私は結局、テレビ上方で一度も音楽番組に関わることはなかった。上司たちにはきっと〝先見の明〟があったのだろう。

某月某日 生贄になったマネージャー：映画プロデューサー

「うるさい、ボケ！　黙っとけ‼」

大声で恫喝《どうかつ》すると鳥田紳一は女性マネージャーに回し蹴りをくらわした。それは、鳥田が映画監督に初チャレンジした「風、スローペース」クランクイン初日のことだった。

「テレビ上方開局記念番組」として、編成部が中心となってテレビドラマの企画募集を行なった。私も選考委員の端くれに入り、各社から提案された数多くの企画を審査した。

その中の１本が古本興業から持ち込まれた同作だった。人気タレント・鳥田紳一が企画したというその作品は大阪を舞台に、なかなか芽が出ないバイクレーサー、ヤクザのチンピラ、金持ちボンボンの仲良し３人組と、東京から来た１人の少女の青春を描いた内容だった。最初に選考委員として企画書と脚本を読んだとき、それほど魅了的な作品とは感じられず、私は低い点数をつけていた。

実際、選考委員会*では、世界的デザイナー３姉妹のお母さんを主人公にした作品が開局記念テレビドラマのメイン作品として選ばれた。だが、鳥田の作品も特別に劇場用映画としての制作が決まった。

作品性に劣ると思われた本作が映画化されたのには理由があった。古本興業の

選考委員会
ドラマ制作は決まっていたので、応募作の中から良いものを選考するのだが、玉石混淆といえば聞こえはいいが、実際は「ボロ石」ばかりで、脚本を最後まで読む気にならないものも多かった。実際、ドラマ制作に精通している人は西編成局長くらいしかいなかったため、彼の意見がそのまま通るかたちになった。

「中興の祖」とされ、東京進出を成功させた本村専務から直々に「古本興業も出資するし、ほかの出資者も集めますのでテレビ上方さんも出資をお願いします」と強めに頼まれたからだ。テレビ上方としても古本興業からの頼みを邪険にできなかったのだ。

私はその作品のプロデューサーとして、撮影の全過程に立ち会うこととなる。通常、映画スタッフは制作に先行して、キャスティングやロケハン、予算作成を行なうが、私はそれらに参加しなかった。いわゆる〝お飾り〟のプロデューサーだ。*

鳥田に初めて会ったのはクランクイン初日のことだった。

「テレビ上方の北です。よろしくお願いします」

私がそうあいさつすると、鳥田はキャップのツバを軽く手で触りながら、

「よろしくお願いします」

とだけぶっきらぼうに言った。プロデューサーとして監督の鳥田とコミュニケーションをとりたかったが、鳥田は人を寄せ付けない雰囲気を醸しており、私はそれ以上、話しかけられなかった。

〝お飾り〟のプロデューサー
テレビ上方の「開局記念時代劇」を制作した際も私にプロデューサーのお鉢が回ってきた。演出を仕切るのは監督だし、俳優の手配、ロケ地との交渉、撮影にまつわる雑用はすべて制作部の仕事だから、プロデューサーの私に仕事はない。そもそも時代劇制作経験のない私は口出ししたくてもで

そして、撮影が開始されてからまもなく島田の怒号が撮影現場に響きわたった。その迫力に、みんなが手探りでふわふわとした初日の現場が一気に引き締まった。引き締まったというよりも、現場を緊張感が支配した。

最初に収録したのは、島田が可愛がっている女性漫才師・ローヒールの紅子がバーのカウンター*で手の動きをつけながら下ネタを言うシーンだった。

紅子が台本どおりそのセリフを言い、カットがかかった瞬間だった。

「うちの紅子にそんな下品なセリフ言わさないでください」

紅子の若い女性マネージャー・茨木さんが島田のところに歩み寄り、クレームを入れたのだ。売り出し中のローヒールのイメージを守ろうとしたのかもしれない。

「何をしょうもないこと言うんじゃ、ボケ！　こんなセリフも言ったらあかんのやったら、出演する意味もないからすぐに連れて帰れ！」

島田はそう言いながら茨木マネージャーに思い切り回し蹴りを入れた。怒り方が尋常ではない。横で見ていた紅子があわてて仲裁に入った。

「兄さん、すみません。私は全然大丈夫ですから、続けてやらせてください。茨

きない〝お飾り〟だった。京都映画撮影所から鴨川を渡ると祇園があり、このときは毎夜、祇園で飲んでばかりいた。

バーのカウンター
このバーのシーンにはのちに有名になる俳優の椎名桔平も本名の岩城正剛として、チョイ役出演している。本当にこのワンシーンのみで、今となれば贅沢な使い方といえる。

木の言うことなんか気にせんといてください。茨木、あんたも頼むから黙っといて！」

茨木マネージャーは、蹴られた腰を押さえながら、何か言いたげに島田を見続けていた。勝ち気そうな茨木マネージャーの言い方も遠慮がなかったが、島田の沸騰したような怒り方に私はあっけにとられた。私だけでなく、様子見だった本職の映画スタッフたち*に緊張感が走ったのが手にとるようにわかった。

テレビの現場、とくにバラエティーや情報番組の現場は、スタッフも出演者も複数の仕事を掛け持ちすることが多く、1つの作品にだけ向き合って、ある期間一緒の釜の飯を食う共同生活を送ることはない。

それに対して映画の場合、作品がクランクアップするまではスタッフも出演者も1つの作品にかかりきりになる。映画の現場では監督の名前を冠して「××組」などという言い方をするが、映画における監督は暴力団の組長と同じぐらいの求心力で、スタッフ全員を同じ目的に向かって動かしていく胆力が必要になるのだ。

もしかすると島田には、「お笑いの人間がなんぼのもんじゃ。素人監督が映画

本職の映画スタッフたち
この翌年に「シコふんじゃった。」（周防正行監督）の撮影監督を務めたK氏など、一流どころのスタッフも多数参加していた。キャストも、友情出演のような形で島田陽子、岸本加世子、西川きよし、加勢大周、桑名正博らが出演するなど豪華だった。

を撮れるのか見届けてやろ」と斜に構えたスタッフたちに、自分はこの映画を命懸けで撮るとアピールする意味があったのかもしれない。そのために、多少手荒なことをしても問題になりにくい自社のマネージャーが計算ずくで生贄《いけにえ》にされたのだろう。

某月某日　いい人キャンペーン：心をつかむ話術

一見とっつきにくい鳥田だが、当初のぶっきらぼうさとは裏腹に、撮影の合間におだやかな顔を見せるようになった。休憩時間、出演者やスタッフと食事をしていたときのことだ。

「おまえら、老後に必要なものが何かわかるか？」

「お金ですか？」若いスタッフが答える。

「ちゃうちゃう。老後に必要なのは思い出と友だちなんや。あのときは面白かったなとか、あのときはキツかったなという思い出がたくさんあるやつが勝者なんや。思い出がない人生は寂しい人生やで。でも、思い出だけたくさんあっても、その思い出を共有して語り合える友だちがおらんかったら、これも寂しい老後になってしまうんや」

鳥田は笑い話もまじえながら、そんな話をした。私は時にお坊さんの講話でも聞いているような気になった。

「どんな小さなことでも、あきらめたらあかんねん。なんでやと思う?」

鳥田はよくそんなふうにスタッフに話を振った。

「根性ナシやと思われるからですか?」

「他人がどう思うかは関係ない。自分の話や。1回あきらめてもうたら、あきらめることが習慣になるねん。あきらめグセがつくねん。だから、絶対あきらめたらあかんねん。今この場所でがんばってる角度が1度違っても誰も気づかへんことのほうが多いやろ。でもこの1度の違いが、ずっと先に行ったときにどうなってる? ゴルフでいうたら、手元の1度がナイスショットとOBの違いになってるかもしれへんのやで。だからたった1度やからと妥協せずにやらなあかんねん」

心をつかむ話術

鳥田の話術は徹底的な研究がベースになっており、どうすればウケるか、どうすれば人の心がつかめるかを努力によって高めていったものだった。鳥田の朋友ともいえる上岡龍太郎も話術の天才である。上岡はこう説いた。

「多くの人は句点(。)で息継ぎをする。でも本当は読点(、)で息継ぎをするのが話術の極意だ」。

どういうことか? 「。」で息継ぎをすると、そこで人の意識は途切れてしまう。「、」で息継ぎをするとその先が気になって人の意識が途切れない。

たとえば、「今日は良い天気ですね。」の「。」で切ると、そこで聞いている人の意識が離れてしまう。一方、「今日は良い天気ですね。でも、」とつないで、「でも」のあとの「、」で切ると聞いている人は「でも」のあ

心をつかむ話術*に、最初は様子見だったスタッフたちもどんどん惹きこまれていった。

映画の撮影はすべて関西で行なわれたため、撮影終了後、私が自分のクルマで何度か鳥田を自宅まで送った。

最初は2人きりで運転席と助手席に乗っていることに緊張感と気まずさを覚えていたが、慣れてくるとだんだん会話も弾むようになった。

「北さん、俺は視聴者とかファンに媚びる気持ちもないし、写真撮ってとかサインしてとか言われてもだいたい無視するねん。なんでかわかる？　だってあいつら俺をテレビ番組に使ってくれへんもん。それやったらADとかに優しくしといたら、俺をいい人やと思って将来キャスティング*してくれるやん」

口ではそう言うものの、鳥田は撮影現場で寄ってきたファンに気さくにサインをすることもあった。

「でも、映画の撮影現場で見ていると結構サインしたりしてますやん」

私がそう言うと、

「そらそうやん。この映画見てもらわなあかんから、今は『いい人キャンペーン

とが気になって話に集中したままにさせられるという。この話を聞いたとき、プロはここまで考えるのかと感心した。

キャスティング
番組のキャスティングはテレビ局が行なったり、制作会社が行なったりする。ごくまれに営業企画番組や1社提供番組ではスポンサーの意向が影響することも。この時代、在阪各局では年に1回「ギャラ会」が行なわれた。ギャラ会とは、放送局とタレント事務所間の会合で、ギャラのランク改定などについての話し合いだ。売れてきたタレントのギャラをどれだけ上げるか（上げないか）を丁々発止やり合った。ギャラ交渉の手間が省けるなどのメリットがあって成立したわけだが、今ならタレントギャラを局が示し合わせて決める

中』やもん」

いつのまにか私も鳥田の人間的魅力に惹かれていった。

予算の都合上、映画はスタジオ収録ではなく、全編ロケ撮影になった。通常、プロデューサーは要所で現場に顔出しするだけで、撮影に立ち会うわけではない。撮影が始まってしまえば、プロデューサーの仕事はほとんど終わっているようなものだし、〝お飾り〟のプロデューサーならなおさらだ。

だが、新人プロデューサーの私は現場の様子が気になったし、鳥田の発する熱気を感じたいこともあり、毎日撮影現場を訪れ、撮影が終了するまで現場に残った。プロデューサーの仕事はなくても、車両部が作った豚汁の炊き出しを配ったり、特殊機材の運搬を手伝ったり、出演者に防寒用のベンチコートを用意したりと、雑用は数えきれないくらいあるのだ。

その日も冬の寒空の中、大阪市福島区のビルのワンフロアで始まったロケに、雑用の手伝いをしながら撮影終了まで立ち会っていた。この日は、ヤクザの準構成員・ショージが敵対する組の事務所に鉄砲玉として殴り込み、返り討ちに遭う

など独占禁止法が定めるカルテルや優越的地位の濫用に該当すると大問題になるかもしれない。

シーンの撮影だった。このシーンは映画のクライマックスでもある。

親分から指示を受けたショージは、それまでのどうしようもない人生から脱出し、のし上がるため、カチコミを決意する。「しっかり弾いてこい」と親分に言われ、ブルブル震えながらハジキ（鉄砲）を手に乗り込んでいく。誰もこの殴り込みが成功すると思っておらず、ショージ自身も自らが捨て駒だとわかっている。そして、カチコミ先で案の定――。

行き詰まり転落していく若者の残酷な姿は鮮烈に私に突き刺さった。

撮影が終わり、いつものように私が鳥田を自宅までクルマで送ることになった。さきほど見たシーンの感動を鳥田に伝えようとしたが、何をどう言っても安っぽい言葉になりそうで、私は黙っていた。夢と現実がごちゃ混ぜになったような高揚感のまま運転していた。

２人とも無言のまま御堂筋《みどうすじ》を北上しているときだった。

「北さんがこの映画のプロデューサーで良かったわ」

鳥田がそうつぶやいた。

私はなんと答えたらよいかわからず、間を埋めるように、

「そうですか？」とだけ返した。鳥田はそれ以上何も言わなかった。鳥田のこの言葉で数カ月間の日々がすべて報われた気がした。

映画「風、スローペース」の公開日が近づく。

私もプロデューサーとしてテレビ上方をあげて宣伝に協力したかったが、番宣枠*の少なさもあって歯がゆい思いをしていた。テレビ上方よりむしろ鳥田のレギュラー番組を放送していた在阪各局のほうが力を入れて宣伝してくれた。

私はわが子の誕生を見守るような気持ちで公開日を迎えた。ひとりで切符を買い、映画館でスクリーンを観ながら、観客たちの反応を観察した。劇場を出るとき、ある観客が友だちに「意外とオモロかったな」と言ったのを耳にして、ひとり喜びを噛みしめたりしていた。

ところが、映画の興行成績は伸び悩んだ。地元の大阪ではそこそこの結果だったが、全国的には振るわず、ビデオ販売などでどうにか投資額を回収するにとどまった。

映画のプロデューサーだったにもかかわらず、私は映画公開後の興行成績につ

番宣枠
よく映画の公開前に大物タレントが各種の番組に出演している。番宣枠というのは自局が出資した映画や自社放送のドラマなどの宣伝をする番組の中のコーナーのことで、ワイドショーや情報番組に俳優や監督を呼んで番宣の機会を設ける。バラエティー番組に俳優が出演して告知を行なうのもこれにあたる。映画やドラマで俳優をブッキングする場合、番宣番組への出演も込みで契約されているケースがほとんど。

いて島田と何も話していない。島田にとっては、自分の思いをぶつけて映画を作ることが目的で、作品の完成をもってピリオドが打たれたのかもしれない。興行成績に重きを置いていないことが感じ取れた。

テレビ上方局内では古本興業との関係を深め、島田紳一との関係ができたことで一定の評価を受けたが、映画をヒットさせられなかったことでプロデューサーとしての自分自身の力不足を痛感した。何より島田に恩返しできなかったのが悔しかった。

映画公開の直後、島田とはゴールデンタイムで「島田紳一のそこまでやるのかチャレンジ大賞」という特番を一緒にやらせてもらった。

この当時の島田はお笑い芸人としての域を超え、司会者としての活躍が増えていた時期で、すでに在阪弱小ローカル局のテレビ上方がブッキングできる存在ではなくなっていた。これは古本興業からの依頼で島田の映画作りに協力した御礼だった。

制作部のプロデューサーとともに共同でプロデューサーを務めたが、本来はありえない島田の出演を認めてもらう代わりに、企画から出演者、演出スタッフま

その場合の出演料は無償か低額に設定される。しかし、テレビ上方にはワイドショーや情報番組がなく、告知ができなかったのだ。

ですべて彼の思いどおりで作った番組だった。私は映画以上の〝お飾り〟プロデューサーだ。

そして、この番組は、鳥田がブッキングできたことにより、全国ネットでの放送となった。

こうして私は初めて全国ネットのゴールデンタイム・プロデューサーを務めることになったのだが、この番組の内容はもうほとんど記憶にない。

ただ、ひとつだけ鮮明に記憶していることがある。

番組の制作中、私は鳥田にこう告げた。

「今の私はプロデューサーとして番組作りを主導するにはまだまだ力不足です。でも、今後、自信を持って声をかけられるような番組を作ります。そのときはぜひよろしくお願いします」

この言葉が生涯実現できなかったことはいまでも心残りだ。

某月某日　「演出」と「技術」：ついに制作局へ

入社10年目の春、「本社制作局勤務*を命ずる」という辞令が出た。テレビ局に入社したからには番組作りの最前線でチャレンジしたいという思いを抱き続けてきた私に待ちに待ったチャンスがやってきた。

すでに入社して10年が経ち、編成でキャリアを積んだ人間にADからというわけにもいかなかったのか、私はプロデューサーという肩書きを与えられた。名刺には「テレビ上方本社制作局プロデューサー」と印刷された。

アニメ番組や映画のプロデューサーはこなして年齢だけいっているものの、制作、とくに演出は未経験の新人だ。右も左もわからない。

ここでテレビ制作の現場を説明しておこう。

制作の最前線に立つのがディレクターで、彼らが番組の「演出」を行なう（ディレクターを「演出」と呼ぶ場合もある）。「演出」には、企画内容を決め、番組

本社制作局勤務　キー局と違い、在阪局の中でも制作番組が少ないテレビ上方では制作部が花形部署というイメージはない。昇進や社内での影響力を考えるとむしろ営業のほうが花形だろう。在阪局のほとんどには本社の制作局と東京制作局がある。現在、在阪局制作のゴールデンタイム全国ネット番組のほとんどが東京収録となっている。読売テレビの「秘密のケンミンＳＨＯＷ」や、毎日放送の「プレバト!!」などは東京のスタ

作りの情報収集を行ない、ロケ先の選定をし、撮影することまでが含まれる。スタジオ収録なら、収録を取り仕切り、撮影後の編集、MA作業して放送素材を納品する。ディレクターとは実行部隊なのだ。

これに対し、プロデューサーは管理者という位置づけになる。制作にからむ場合もあるが、どちらかといえばディレクターより一歩引いた立場であり、企画の立ち上げと出演者や演出チームのキャスティング、予算管理などがメインの仕事となる。これまで私が経験してきたのはおもにこちらの分野といえる。

入社してすぐにプロデューサーとして管理業務をまかされた私は、AD、ディレクターという段取りを踏んでおらず、制作（演出）現場の経験が少ない。

その点、ディレクター上がりのプロデューサー*は演出にも編集にもメインで関与し、チーフディレクターまで兼務していることもある。

私には、制作現場の経験の浅さが大きなコンプレックスだった。

前述したとおり、映画や鳥田紳一のバラエティー番組で〝お飾り〟プロデューサーにすぎなかったのも、制作現場を熟知していないからだという引け目があった。

ジオで収録され、東京制作局が中心となって制作されている。同様に、在阪局制作のドラマ（関西テレビが制作する火曜22時枠のフジテレビ系列放送のドラマ）なども東京での制作となるため、局によっては東京制作のほうが、ローカル番組を制作する本社制作よりも花形になる傾向がある。この時代、テレビ上方に東京制作局はなく、番組はすべて本社制作局で作られていた（2025年現在では東京支社に制作機能が備わり、東京で番組制作が行なわれている）。

ディレクター上がりのプロデューサー
佐久間宣行氏や藤井健太郎氏などがその典型例だろう。彼らは才能はもとより、AD、ディレクターというステップを踏むことで現場を知りながらの大局的な番組作りを

制作局勤務を命じられた私はテレビ制作についての勉強を始めた。「10年選手」がいまさらテレビの勉強というのも恥ずかしく、誰にも言えなかった。

だが、資料を探すために書店をめぐっても、映画に関する演出論や撮影技術の書籍はいくつか目についたが、テレビに関するものは皆無だった。大手テレビ局では新入社員研修などで使用するため「テレビ演出」や「テレビ用語集」などという小冊子をまとめているところもあるらしいが、テレビ上方にはそういうものはない。


あちこち探し回った挙げ句、六本木の青山ブックセンターにテレビ関連の書籍が豊富に置いてあることを発見し、それを買い占めた。会社から帰宅すると、受験生のごとく、資料を片っ端から読み、頭に叩き込んでいった。

「演出」を学ぶ一方、「技術」にも詳しくなりたいと考えた私は、収録現場で技術スタッフ（カメラマン、音声マン、照明マン、美術マン）たちと頻繁にコミュニケーションをとるようにした。

「演出」と「技術」はえてして対立構図になる。技術は技術面で「できること・できないこと」を判断する。バラエティー番組なら演出はひたすら「より面白

実践している。テレビ制作の実力も抜きん出ているわけだが、〝業界中有名人〟ではなく一般にまで知名度を高めたのはSNS時代ならではといえよう。

い」を目指す。そのあいだに齟齬《そご》が生まれる。

ある番組*の収録中、暴れん坊キャラの歌手・泉矢しげきがいきなりスタジオカメラのレンズにマジックで落書きをした。台本には書かれておらず、泉矢がその場のノリで行なったハプニングだった。思いもよらぬ行動にスタジオは騒然となり、結果的にカメラワークも臨場感たっぷりのものになった。

番組終了後、ディレクター（演出）が言った。

「泉矢さんのあれ、出演者だけじゃなくてスタッフも驚いているのが画面から伝わってきて、めっちゃワクワクしましたよ。毎週恒例にしたいくらいですね」

たしかにテレビならではのエネルギッシュな出来事に私も興奮していた。

「そやな」と同意しようとした瞬間、それを傍で聞いていたカメラマンが怒鳴った。

「アホかおまえら！　カメラのレンズなんぼすると思っとるねん！　1000万円以上するねんぞ。あんなことしてホントに使えなくなったら、おまえが弁償できるんか？　二度とあんなことさすなよ！」

このとき、レンズにフィルターがついていたため、レンズそのものは事なきを

ある番組
出演者全員が羽織袴で刀をさして登場するというバラエティー番組だった。リポーターは「浪人」と呼ばれ、彼らが「カンガルーと一緒に4畳半一間で生活できるか」といったくだらないネタを検証した。なぜ羽織袴だったか？　企画会議の最中に、ある構成作家が提案して、その場のノリでなんとなく面白く思えてしまったのだ。

得たのだが、フィルターはダメになってしまった。結局、演出は「面白ければなんでもあり」だが、技術にとっては受け入れがたいこともあるのだ。

カメラマンのあまりの勢いに私は口から出かかった「そやな」を引っ込め、ディレクターとともに首を縮めたのだった。

スタジオ収録で、最初に入り最後までいるのは照明と美術のスタッフだ。収録が終われば、演出スタッフはすぐにスタジオをあとにする。* そこからカメラチームや音声チームは機材を格納する。さらに、それが終わってから美術スタッフがセットをばらし、その完了を待って照明スタッフが照明機材を撤収する。そのため、照明スタッフの仕事が終わるのはスタジオ収録終了3時間後とかになることもざらだ。

私はしばらくのあいだ、照明と美術スタッフと同時にスタジオに入り、彼らと同時にスタジオから退出するようにした。

私としてはコンプレックス解消の一環だったが、〝早出・居残り〟をするプロデューサーは珍しく、技術スタッフはありがたがってくれた。こうして彼らとの

スタジオをあとにする
演出スタッフにはその後、編集作業が待っている。ある制作局は実質的にフレックスタイムになっていて、昼ごろに出社してくる人も多かった。

絆が深まるという、思わぬ副産物が生まれた。

そんな中、技術スタッフとのやりとりで私は彼らを動かす話法を編み出した。

演出サイドとして、少々無理がある要望を伝えるときのことだ。

「もう1台カメラ増やしたいし、特機でクレーンとレールを使いたいから、なんとかならへんかな?」

こんなふうに真正面から挑むと、技術スタッフからは「そんなん予算オーバーするから絶対無理やわ」と拒絶される。

「カメラ1台追加して、クレーンとレールも使いたいねんけど、予算の縛りがあるから、そんなん絶対無理やんな?」

訴えかけるように頼むと、技術スタッフたちは、

「ふつうやったら無理やな。でも、どうしてもその映像撮りたいんやろ? うちの営業には秘密で、もう1台カメラとスタッフ追加して、クレーンとレールもどうせその日は使ってないから持っていってやるよ」と応じてくれるのだった。

上から目線の指示ではなく、少しだけへりくだって「こんなこと絶対できへんよね」と持ちかけると、職人気質の技術スタッフはプライドにかけて応えてくれ

〝早出・居残り〟による効能
私は出社時間の30分前には会社に着くようにしていた。撮影が長引き、機材の撤収が終わるころには深夜0時を回ることもよくあった。30代の私はそこからさらに飲みに出かけた。明け方まで飲んで家に帰って仮眠をとったら9時ごろには出社。そんな生活を繰り返すうちに自然に、3時間も寝れば十分な〝ショートスリーパー〟になってしまった。

ることがよくあった。これも〝早出・居残り〟による効能*ともいえた。

某月某日　超低予算番組：〝高等数学〟を駆使

「次のクールの金曜深夜30分枠。できるだけ金がかからないように番組を作ってもらえへんか」

編成部長からの依頼だった。まかされた新番組の予算は、１本あたり60万円*。金がないのはいつものことだが、それにしても少なすぎる。そのうえ、次のクールまではあと１カ月しかない。

番組作りは放送スタートの３カ月ほど前から動き出すのがふつうだ。１カ月で影も形もないところから番組を作り上げるのはキビシイ。

だが、四の五の言っても仕方ない。船はもう動き出しているのだ。

通常、番組企画の立ち上げに際してはディレクターや構成作家と企画会議を行ない、意見を出し合いながら方向性を決めていく。だが、このときは時間が迫っ

１本あたり60万円
当時、M放送の深夜・月～金で放送されていた「テレビのツボ」という番組が１本50万円で作られているという話を編成の人間が聞きつけてきて、この金額を提示された。「テレビのツボ」は、他局も含めたすべてのテレビ番組の中から面白視聴ポイント（ツボ）を探し出し、それを芸人が面白おかしく紹介する番組だった。「他局が50万でやれるなら、60万あれば十分」という発想だろう。

ていたこともあり、自宅*で深夜、企画書を一気に書きあげた。企画を考えることは大好きで、自分のアイディアがテレビで放送されるかと思うと、ゾクゾクッとした快感につつまれた。

番組タイトルは「お仕事あげちゃう」。オーディションの体裁で、出演者は素人の女の子。彼女たちが一芸を披露し、審査員が札を上げたら合格となる。要は、日本テレビで昔放送されていた「スター誕生！*」の安物のオマージュというかパクリだ。

番組の肝になるのが審査員で、古本興業や竹松芸能、東京の大手事務所・ホーリープロや大手モデル事務所などに無理を言ってお願いした。そして、審査員の末席にはノーパン喫茶で有名な「あべのスキャンダル*」を配する。大手事務所から札が上がらなくても、必ず「あべのスキャンダル」の札が上がるという仕組みだ。

書きあげた企画書を後輩のディレクターに渡して、「あとは適当に頼む」とだけお願いした。

企画案を固めたら、続いては予算の割りふりだ。

自宅
会社にいれば、打ち合わせで呼ばれたり、電話がかかってきたりする。深夜の自宅はそういうこともなく落ち着いて考えられる。悪筆を補うため、ワープロは人よりずいぶん早く覚えた。ウインドウズ95が世間を席巻する前にアップルのPerformaというパソコンを購入し、クラリスワークスという統合型ソフトについていたワープロソフトで企画書を作ったり、表計算ソフトで予算書を作成したりしていた。

スター誕生！
1971年にスタートした日本テレビの視聴者参加型公開オーディション番組。森昌子、桜田淳子、山口百恵、ピンク・レディーなど、番組名のとおり数多くのスターを誕生させた。

番組セットの美術費から、カメラマン、カメラアシスタント、音声マン、照明マン、スイッチャー、ビデオエンジニアなどの技術費、タイムキーパー（ＴＫ）や外注ディレクターへの支払いまで含めて60万円でまかなわねばならない。

番組セットの美術費はその総額を最低放送予定期間（1クール＝13本）で割って、１本あたりの制作費に含める。美術費の総額が１５０万円なら、１５０万円÷13本＝１本あたり約11万５０００円だ。これに美術セットの建て込み費用（人件費）も必要になる。ここにかかる費用は大きいので、できるかぎり削りたい。

美術会社の担当者に相談する。

「新しい番組を作ることになったんやけど、予算がないんですよ。１本１万円とかで美術セットなんか絶対無理ですよね」

いつもどおりの〝話法〟だ。

「う〜ん。新しいセットを作るんは無理やけど、ほかの番組のセットを組み合わせて新しい美術セットのように見せたらいけるんちゃうか？」

ベテランならではの奇策を授けてくれる。

「これなら建て込みの費用だけや。通常３人でやるところを１人でやったるから、

あべのスキャンダル
大阪市阿倍野区にあった元祖ノーパン喫茶。ウエイトレスがノーパンで接客する喫茶店で、店内は床が鏡張りのうえ、ウエイトレスが短いスカートを着用。性的サービスを提供する風俗店とは異なり、あくまで喫茶店として営業していたが、コーヒー１杯２９８０円で30分の時間制限が設けられていた。打ち合わせに行った際に案内されたバックヤードでは、監視カメラで客席全体が見られるようになっていた。しかもちょうどそのタイミングで、営業部の社員が代理店の人を接待で連れてきているのを発見。翌日「昨日、どこ行ってたの？」と耳打ちしてびっくりさせた。

1本1万円でええわ」

嬉しい提案を受け入れることで美術費は大幅に抑えられた。

続いて出演者。参加者は素人だが、司会はプロが必要だ。ひとりは局アナを使うとして、メインは古本興業の岩田清君で、彼のギャラは1本5万円*（これはあくまで古本興業に支払うものだから、岩田君のフトコロにいくら入るか、われわれは関知しない）……。

こうして〝高等数学〟を駆使しながら、1本あたり60万円の予算で、番組の土台はなんとか整った。

舞台ができたあとは、出演者の女の子集め。初回放送では、知り合いのコンパニオン事務所などにも声をかけてノリのいい子を紹介してもらった。また、放送開始後は番組内でも募集をかけて、芸能人志望の女の子をつのった。

ただ、番組内容に合う、一芸を持った女の子はそれほど集まらない。数回放送を重ねるとすぐに人材不足に陥った。

われわれは苦肉の策として、スタッフ総出で最寄駅でナンパ*を試みることにした。見た目がいい子だけでなく、テレビに出てくれそうな子には片っ端から声を

ギャラは1本5万円
古本興業の芸人と飲んでいるときに「ギャラが安い」という愚痴はよく聞いたが、テレビ上方がいくらギャラを出しているかを聞かれたことはない。きっと古本興業のルールで、スタッフにギャラを尋ねることは禁じられていたのだろう。逆に古本興業の社員からは「ギャラが安い安い言うやつに限って、会社の利益にたいして貢献していない」という話をよく聞いた。

ナンパ
プール施設に水着の女の

かける。

「スタジオに来てくれるだけでいいから、お願い！」

まだテレビの神通力があった時代で、テレビに出られるというと興味を持ってくれる子も多かった。多少でも興味を示してくれたら、強引に説得してテレビ上方まで連れてくる。すると若い女の子はテレビ局の雰囲気に浮かれてしまう。

さあ、ここからが勝負どころだ。オーディション番組なので、なんらかの自己アピールをしてもらわないといけない。街で突然声をかけられるままにやってきた女の子にテレビで披露できる一芸などない。そこでディレクターが思いつきで提案していく。

「歌とか、ダンスはできひんの？」

「え〜、そんなん、なんもできひんわ」

「せっかくここまで来てくれたんやからテレビ出たいやろ？　一発芸とかでもいいんやけど？」

「え〜、なんやろ。縄跳びの二重跳びくらいかな」

「それじゃあ、番組にならへんわ。パンツをお尻に食い込ませて、一瞬見せて

子を100人集めてゲーム大会という正月特番があり、タレント事務所のマネージャーや制作会社のADなどが主力部隊となって女の子をかき集めた。大阪で飲んでいると、「私、あの番組出たことあんねん」と言われ、なんとなく気まずい思いをしたことも。

『Tバック』とか言うんはどうかな?」

「そんな無理！　あたし、ケツ汚いもん」

そう言いながら手を叩いて笑っている。下ネタも絶対NGというわけでもなさそうだ。オーディションの一芸は、歌を歌うとか、ミュージカルの一場面を披露するとか、新体操のリボン演技といったものがメインであったものの、深夜番組のアクセントとしてお色気も盛り込んでいた。女の子の拒否反応が薄いのをいいことにディレクターがさらにえげつない提案をする。

「そしたら、電気カミソリでアソコの毛剃ってみるとか?」

「まあ、それやったらできそうやわ」

「よっしゃ、それで行こ！」

こんな即席のネタでそのまま本番に向かう。

控え室で簡単にメイクを施すと、司会の岩田君と女子アナに呼び込まれてスポットライトの中へ。

「あそこの毛を剃りま〜す！」

カメラの前に立ったらノリノリになっている。ものすごい度胸だ。

カメラに背を向けた女の子の下半身をスタッフがバスタオルで覆う。

「今、剃っております。……ホンマ、なんちゅー番組やねん！」

岩田君が剃毛の実況中継をしながら、大声で盛り上げる。

彼女の一芸はスタジオの爆笑をかっさらったが、芸能事務所からの札は上がらず、結局、あべのスキャンダルだけが札を上げるというオチ*もついた。ノーギャラ*でここまでやってくれるのだから、じつにありがたい。

収録が終了したあと、音声さんがやってきて声を潜める。

「ジョリジョリっていう音に、ときどき〝痛っ〟なんて声が混じって、コーフンしてしまいましたわ」

女の子が下の毛を剃る音をブームマイク*で拾いながらひとり大興奮していたらしい。

こんなバカバカしい番組だったが、当時のテレビ上方の深夜番組としては好視聴率を獲得し、編成部内でも小さな注目を集めた。

とはいえ、もともと穴埋め番組だったため、1クール13本で当初の予定どおり姿を消した。こうして数多の星たちのように、日々たくさんの番組が生まれては

札を上げるというオチ
あくまでオチなので、実際にあべのスキャンダルがスカウトするわけではない。だが、実際にこの番組をきっかけに古本新喜劇に入団した子や、モデル事務所に入った子もいた。

ノーギャラ
番組予算的にギャラなど出るはずもなく、出演してくれた女の子には局までの往復の交通費と、局のノベルティーであるボールペンとタオルを差しあげていた。

ブームマイク
先端にマイクを取り付け、音を録る竿のようなもの。クリアな音を収録するために使われる。

消えていくのだ。

某月某日　迷宮入り：消えた蛾の行方

制作プロダクションの桂田社長はもともといた大手技術会社から起業して自分のプロダクションを経営していたやり手だった。

やり手である桂田社長にはひとつの噂があった。オールバックに固めた髪の毛が自分のものではないのではないかという疑惑だ。NASAの最新技術を駆使して作ったという噂もあり、たしかにすぐ近くで見てもそれとわからない。

桂田社長の会社が主催してゴルフコンペが開催された。テレビ局や制作プロダクション関係者、また多くのタレントも参加した。その中に「浪速のシューベルト」と呼ばれた作曲家の毛田ジロー先生もいた。

毛田先生には私の番組に何度か出演してもらっていた。シニカルで毒舌コメントも多いが、その裏側に温かさがあり、収録の休憩中、前のコーナーでスベッた

若手芸人に「俺が次また話振るから、もう1回チャレンジしてみ。思いっきり弾ければ大丈夫やで」などとフォローする姿を目にしたこともある。スタッフとも垣根を作らない人で、私も大好きだった。

毛田先生の髪の毛にも噂*があった。いや、噂というよりも公然の事実ともいえた。一説によると、「散髪したて」「伸びた状態」「その中間」の3種類を使い分けているという。その真偽はともかくとして、番組収録が長引くと、おでこやもみあげのあたりが浮かびあがり、地肌とのあいだに隙間ができていて、見ているこちらがひやひやしたこともある。

局内の噂で聞いたところでは、毛田先生はそれまで長年担当していたマネージャーが交代になったタイミングで、新しいマネージャーに「僕の頭、じつは自毛ちゃうねん」と告白したそうだ。新マネージャーが「やっぱりそうだったのですね」とでも言っておけば、世間にもカミングアウトしたのかもしれないが、あろうことか彼は「エ〜ッ、本当ですか？　全然わかりませんでした！」と言ったらしい。毛田先生は気づかれていないと自信を深め、その後、何十年もまわりの人間が困ることになったという。

髪の毛にも噂
毛田先生には嘘かまことかわからないエピソードが多数ある。あるとき、某芸人さんが毛田先生とラウンドしたあと、風呂に入ってシャワーを浴びていると、湯船のほうから毛田先生の声が聞えてくる。だが、あたりを見回しても毛田先生がいない。彼が湯船に入ってふと隣を見ると禿げ上がったおっさんがいて、その前に髪の毛が浮いている。よく見ると禿げたおっさんはヒザの上に髪の毛を置いて湯船に浸かっているのだ。おっさんは「これが本当のヒザ（毛田）ジローや」と名乗ったという。

私はその日のゴルフコンペで絶好調をキープしていた。16番ホールが終わってイーブンパー、自己ベストスコアの更新は間違いなしの状態だった。私の1組前に毛田先生が回っていた。

17番ホールに着くと、毛田先生が待機していた。どうやら、前の組が詰まっていて、毛田先生の組が待っているのだという。

「先生、今日の調子はどうですか?」番組でお世話になっている毛田先生に話しかけた。

「いや、今日はあかんわ。北君はえらい調子よさそうやないの」

「たまたまですよ」

毛田先生はコース脇に置かれたベンチに腰掛けていて、私はその隣に座った。晴れわたる空のもと、1匹の蛾が飛んできた。私の目の前を横切ったかと思うと、そのまま毛田先生の襟足にとまった。手で払おうかとも思ったが、場所が場所でもある。李下に冠を正さず。そのうちに飛び去るだろうと考え、そのまま見ていた。

すると蛾が毛田先生の襟足部分をうろうろと徘徊し始めた。そのまま眺めていると、蛾は毛田先生の襟足部分から内側へ入り込んで、見えなくなった。

そう、毛田先生の〝頭の中〟に入っていったのだ。蛾は前にしか進めないらしい。

すぐに出てくるだろうと注視していたものの、蛾は一向に姿を現さない。そうこうするうち、ようやく前の組が終えて、毛田先生が立ち上がり、コースに向かった。毛田先生の後ろ姿を見送りながら、誰にも言えない大きな秘密を抱え込んでしまったように心臓がドキドキしてきた。

心の乱れがプレーに表れたか、私は17番ホールでＯＢを２発叩くなど散々の結果で、ベストスコアの夢は儚くも崩れてしまった。

そんなことよりも、あの蛾、というか毛田先生の頭はどうなったのだろうか。毛田先生の頭の中で行き止まり、そのまま成仏したか、それとも毛田先生の迷宮からうまく脱出できたのか……。

一方、超高性能だった桂田社長の頭*も年を経るごとに劣化が見られるようになった。黒かった自毛のもみあげ部分が白くなってきたことで、黒々とした毛との境目が際立つようになった。また、桂田社長が加齢で痩せてしまったため、頭

超高性能だった桂田社長の頭
桂田社長と北新地のラウンジに行った。飲んでいると、席についた女の子が「初めまして。今日から働き出したんですけど、じつはお昼は美容師をしているんです。頭のマッサージが得意なので、よかったらマッサージさせてください」と桂田社長に言う。そばにいて、事情を察したママが「大丈夫だから、あっちの席に行って」と阻止してくれたが、高性能すぎるのも困ったものである。

のサイズが小さくなり、あんなにフィットしていたのが、いつのまにかナスビのヘタのようになり、バレバレになってきた。昔はすぐそばで見ても判断がつかなかったが、遠目からもそれとわかるようになった。この段になって例の噂が正しかったことが証明されたのだった。

そんなある日、テレビ局関係者の葬儀で突然、声をかけられた。

「おお、北君、久しぶりやな。元気にしてたんか？」

最近は知人に会っても名前がすぐに出てこないことが増えた。しかし、この人は名前が出てこないというより、どこかで会ったはずなのに誰だかわからない。なんとも不可思議な感覚だ。口ぶりからすると、かなり親しい人であることは間違いないのだが……。

「はい。お世話になっています。元気にやっています」

適当に話を合わせながら、必死に思い出そうとするが、結局、出てこない。

「それじゃ、今後ともよろしくお願いします」

そう言って別れたあと、一緒に葬儀に参列していた知人に尋ねた。

「今の人、誰やったっけ？」

「何言っているんですか。桂田社長じゃないですか。あ、そうか、もしかして北さん、桂田社長がカミングアウト*してハズしたの知らなかったんですか？」

某月某日　しきたりを守る：天神祭中継の悲劇

大阪の夏といえば天神祭《てんじんまつり》。テレビ上方ではその中継番組を制作していた。神事の中継なので、しきたりやルールを守ることが最優先され、関係各所へのあいさつ回りもプロデューサーの重要な役割である。

祭りの主催団体は大阪天満宮《てんまんぐう》で、それを支える組織として「講《こう》（講元ともいう）」が存在する。御鳳輦講《ごほうれんこう》、玉神輿講《たまみこしこう》、太鼓中講《たいこなかこう》、どんどこ船講《ぶねこう》、地車講《だんじりこう》、天《てん》神講《じんこう》獅子《じし》など数多くの講が祭りに奉仕をするというスタイルで天神祭を支えているのだ。

　ある講にあいさつに行く際はテレビ局のロゴ入り手提げ袋を20枚持参するのが例年のルールになっており、私がこの番組のプロデューサーについたときにも前

カミングアウト
かくいう私自身も親父が若い時分から禿げていたため、自分も早めに禿げるのではという恐怖にかられ、中学生のころからどこまで禿げたら全剃りのスキンヘッドにするのかをシミュレーションしていた。結果的に母方の遺伝子が強かったらしく、なんとか持ちこたえている。

任者から引き継ぎ事項として聞いていた。

「この袋はコーティングされていて丈夫*やからええねん。この前も病院のお見舞いに洗濯物入れていくのに便利やったわ。最後ボロボロになったら新聞捨てるのにも使えるし、ほんまちょうどええ」

講のおかみさんはこんなふうにいつも喜んでくれた。

ところがその年、この講元へのあいさつ前、最寄駅で待ち合わせたADが紙袋を持ってきていない。

「すみません。うっかり会社に置いてきてしまいました」

予定の時間が迫っている。先方を待たせて会社に取りに行かせるよりはいいと判断して、紙袋のお土産なしであいさつに行った。

「あれ？　今年は紙袋持って来てくれてへんの？」

そう言うと、急におかみさんの機嫌が悪くなる。私は平謝りし、再度手提げ袋を用意して別日にあらためて打ち合わせをすることになってしまった。たかが紙袋、されど紙袋なのだ。

つまずきというのはえてして連鎖する。嫌な予感を抱えたまま、祭りの前日を

この袋はコーティングされていて丈夫
テレビ局の袋が丈夫なのは、それに1インチテープやベータカムテープなど重量のある素材を入れて持ち運んでいたからだといわれている。安い紙袋だとテープの重みに耐えかねて破れてしまうのだ。お金のないテレビ上方もこの袋だけは他局に遜色がない、上質で丈夫な素材でできていた。

VE
ビデオエンジニア。映像制作や放送の技術面を担当し、機材の設置と操作、

迎えた。

　この日は、出演者を入れずに中継がちゃんとできるかどうか、機材を確認するリハーサルを行なう。8カ所の中継ポイントにカメラマンやカメラアシスタント、中継ディレクターとADが本番と同様に張り付き、映像や音声が問題なく本社に届くのかをチェックするのだ。

　技術の段取りを確認することがメインなので、私もあまり緊張感もなく、のんびりと副調整室（サブ）で中継映像を見ていた。

　ところが、リハーサル開始寸前なのに、いくつかのポイントからの映像が届かない。モニターを見てもそのポイントだけ砂嵐だ。

「お〜い、銀橋《ぎんばし》と大川べり、映像も音声も入ってこないぞ」

　技術を取りまとめているテクニカルディレクターがVE*に声をかける。だが、どうやってもその2カ所の映像・音声が入ってこない。

「どこかでケーブル*が外れているんちゃうか？」

　この当時は動く船の上以外の中継ポイントにはテレビ局本社からケーブルをつないで映像・音声を送っていた。長いケーブルを何本もつないでいるので、その

映像信号の調整、カメラの画質調整、異常の監視とトラブル対応などを行なう。

ケーブル
たとえば、1周6キロ弱の鈴鹿サーキットの撮影ではケーブルを何キロも設置する。ただ、それはふだんからケーブルを設置することが決まっている場所だ。ところが、天神祭中継のケーブルはその日しか設置しない場所を使い、複数の長尺ケーブルを梅雨明けの猛暑の中つないでいくという苦行のような作業になる。余談だが、鈴鹿8時間耐久オートバイレースで、テレビ上方のアナウンサーが、レース前のオープニングからゴール後の花火まで無休息で（トイレすら行かず）9時間16分ひとりでしゃべり続けた。これも苦行のような仕事だろう。

ジョイント部が何かの弾みで外れてしまったのではないか。２カ所のカメラマンが持ち場を外れてケーブルの確認に走った。

「えらいことですわ！　ケーブルが何カ所か切断されています！」

カメラマンが慌てて無線で連絡を入れてきた。切断といっても、ケーブルは太く頑丈で、本格的なケーブルカッターでもないと切れない。

「本当か？」と聞いても、「ええ、きれいに真っ二つになっています」と言う。

すぐさま私も現地に向かう。

現地に行くと、たしかに屋台の裏手で太いケーブルが何カ所か切断されている。

それにしても、なんでこんなことが？

ケーブルのすぐそばにスーパーボールすくいの屋台が出ている。事情を知っていないかと屋台の兄ちゃんに聞く。

「ケーブルが切れているんですが、何か見ませんでしたか？」

「えっ、ホンマ？　でも、こんな太いケーブルを屋台の後ろに這わされたら危なくて仕方がないもんなあ」

その隣のイカ焼き屋台のお姉ちゃんも顔を出す。

「そうそう、私らがこれにつまずいてコケて、鉄板に顔当たって火傷《やけど》したらどうしてくれるねん。ケーブルが切れても仕方ないんちゃう？」

ケーブルを切断したとは言わないものの、犯行を自白したも同然の言いがかりをつけてくる。たとえ警察に訴え出たとしても、屋台の人間はほかにもたくさんいて犯人の特定など不可能だ。まして祭りの前日に彼らを敵に回すわけにはいかない。この調子だとケーブルを修復したとしても、また同じことをやられたらおしまいだし、何より放送中にケーブルを切断されでもしたら、取り返しがつかない。

それにしてもこれまでは毎年なんの問題もなかったのだ。突然の事態にどうしたらいいかわからない。

局に戻り、前任のプロデューサーを探し当てて、すがりつくように尋ねる。

「屋台のやつらに中継ケーブルを切断されてしまったんです。こんなこと以前にありましたか？」

「う～ん」とうなったまま、前任プロデューサーは腕組みをした。

「北、おまえ、神農会《しんのう》＊にあいさつに行ったか？」

神農会
職業神として「神農の神」を祀ることからこう呼ばれる。

神農会とはテキヤの組合で、天神祭に出店するテキヤを取り仕切っている。

じつはこの年はまだあいさつに行っていなかった。天神祭のプロデューサーとしては駆け出しの私はこの祭りのルール*をしっかりと理解していなかったのだ。

「まだ今年は行っていません」と言うと、

「とりあえず、今すぐ理事長に電話で説明してみたらどうや?」

さっそく神農会の理事長に電話をする。

「ごあいさつが遅くなってしまい、申し訳ありません。今年、中継を担当するプロデューサーの北と申します。どうぞよろしくお願いいたします」

電話口で頭を下げながら説明すると、

「遅かったやないの。あいさつもなかったら、そりゃトラブルも起こるで」

物静かな口調にすごみを感じる。

「すみません。遅くなってしまいましたが、今すぐあいさつにうかがわせていただきます!」

横で一連のやりとりを聞いていた前任プロデューサーがぽつりとつぶやく。

「日本酒の一升瓶を2本合わせて縛って、風呂敷で包んで持っていくんや」

この祭りのルール
天神祭の船渡御(ふなとぎょ/ご神体を船に乗せて川を渡す神事)は催太鼓(もよおしだいこ)が行列の先頭を務めると決まっていて、そのあとにほかの船が続く。祭り中継では取材船という小回りのきく船を出して川の様子を伝えるのだが、取材船が先頭を行く催太鼓船の前を横切って、どやしつけられたこともある。

そこまで知っているのなら、早く教えてほしいものだ。

中継は明日に迫っている。私はそのまま局を飛び出し、神農会事務所そばの酒屋で酒を調達し、事務所の玄関に駆けつけた。

「おお、よく来てくれたね」

大阪の神農会を束ねているという理事長は会ってみると小柄で穏やかそうな人だった。粗相《そそう》のないように丁寧に日本酒を差し出す。

「わざわざすまんね」

笑顔になっても目は笑っておらず、その奥から鋭く刺すような光を放っていた。

「これからはあいさつを忘れるなよ。祭りの屋台は神農であるわしらの神聖な主戦場なんやからな」

厳しい言葉をやさしい口調で諭すように言われて、頭を下げて事務所を出た。

祭り当日、中継は大過なく終了*した。

現場のテキヤのおっちゃんおばちゃんはみなフレンドリーで、カメラマンやカメラアシスタントにイカ焼きやたこ焼きをたんまり差し入れてくれ、厚くもてなしてくれたのだった。

大過なく終了
天神祭の中継は例年2500万円の予算で制作していたのだが、ある年、編成局長から「今年から2000万円でやれんか？」と打診された。ただでさえ乏しい予算に苦しんで、その年は取材船に乗せるタレントを割愛してアナウンサーだけにする算段を立てていたところだった。新聞社からの出向組の編成局長で現場のことをよく知らないままの通告に戸惑ったが、編成局長の対抗勢力である制作局長や業務本部長などに根回しをして元の予算を通して、大過なく中継できた。こういうときには社内政治が力を発揮するのだ。

某月某日　マネタイズ：すさまじい露出効果

プロデューサーから見た番組の成り立ちは大きく分けて2種類ある。自分で書いた企画書が採用されるケースと、この枠でこんな番組を作ってくれという大筋が提示されるケースで、後者が一般的だ。

企画の大筋をもとに、プロデューサーは、自分の意図をよく理解してくれる構成作家やディレクターを選び、彼らと番組の内容を考え、制作会社その他のスタッフを決め、予算を弾き出し、編成と交渉する。それと同時にタレント事務所と交渉し、タレントのブッキングを行なう。

このとき、いつも懸案となるのが予算*だ。予算次第で、番組の内容も変わるし、使える機材やスタッフ、もちろん起用できるタレントも違ってくる。

テレビ上方では、60分番組で500万円ほどの予算だったが、このくらいの金額だと制約も多くなる。技術費を切り詰めるのは難しいので、タレントの格を下

懸案となるのが予算　テレビ上方では毎月、予算実績会議というものが行なわれ、予算オーバーしたプロデューサーはそこで吊し上げられた。た

げ、人数を減らし、ＶＴＲを削る……。

　やりすぎれば番組は安っぽくなるから、プロデューサーは経営幹部に根回ししたり、編成担当に社内接待したりして、１円でも多くの予算を確保しようとする。それもプロデューサーの力量なのだ。

　番組予算の少なさに不満を抱えていた私はある着想をした。

　番組を会社登記し、その番組（会社）で商品開発と販売を行なう。そして、商品販売であげた利益を番組制作費に還元する。これならば、編成部にゴマをすって予算を回してもらわずとも自らの力で予算を確保できる。

　系列局では「浅草橋ヤング洋品店」としてスタートしたバラエティー番組が「ＡＳＡＹＡＮ」と名前を変え、オーディション番組として大成功していた。番組は、一般公募でタレント志望の参加者をつのり、オーディションでふるいにかけていく様子を半年から１年がかりで追いかけ、ドキュメンタリーとして放送した。

　オーディションから這い上がったタレントが艱難辛苦《かんなんしんく》を乗り越え、デビューする。視聴者は彼ら彼女らを応援するため、ＣＤを購入する。番組から誕生した

*だ、経理は制作費の詳細には疎いため、技術費や美術費などの大きな問題にはツッコまず、わかりやすい交際費や交通費がやり玉にあげられる傾向にあった。

タレントの格を下げ
古本興業の全タレントが掲載された冊子があった。トップは笑福亭仁鶴、続いて横山やすし・西川きよし…というふうに序列順で載っており、後ろにいくにつれてギャラが安くなる。お金がない番組では、最初から後ろのほうのページを開き、そこからタレントを探したりした。

「モーニング娘。」や「CHEMISTRY」のデビュー曲は大ヒットした。番組コンテンツ全編がそのまま楽曲やタレントを売るための仕掛けになっているのだ。

地上波で1時間まるまる使い、半年以上にわたって放送する露出効果はすさまじい。CM換算すれば信じられない金額になるだろう。

私のアイディアは、この番組の仕掛けを商品開発と販売に利用しようというものだった。番組で商品を開発・製造する様子をドキュメントでたっぷり見せてから、一般発売する。「ASAYAN」の商品版だ。

テレビ上方上層部と古本興業との相談で、メインMCに大御所落語家・桂六枝師匠を使うことは早々に決まった。また、六枝師匠のご指名で、勢いのある飯山愛さんをアシスタントに起用することも決定。リクエストどおり、飯山愛さんがブッキングできたことを伝えると、「愛ちゃんは、ええで～」と六枝師匠もご機嫌だった。

残すは、もう1人進行を補佐する男性タレントだ。大阪ローカルの番組で制作費が限られており、大阪の芸人から数名をピックアップする。ただ、六枝師匠ほどの大物になると、こちらで一方的にキャスティングするわけにもいかない。

意見をうかがいに、古本興業のなんばグランド花月*の楽屋に師匠を尋ねた。このとき、私は六枝師匠と初対面であった。若き日の明石家いわしが六枝師匠にいじめられた話は耳にしていたし、知り合いの芸人からも六枝師匠の気難しさを聞いていたので緊張しながら楽屋に入る。

こちらで携えてきた候補の名前をあげてみる。

「男性アシスタントですが、師匠と同門の大枝さんを候補に考えております。いかがでしょうか？」

六枝師匠は目も合わさずに聞いている。少し間が空く。

「お～い、お茶を替えてくれ」

こちらには目もくれず、弟子にそう呼びかける。これは違うということなのだろうか。なんとなく違和感を覚えて次の名前をあげる。

「それでは、漫才師の大平ロクローさんでしたら、どうでしょうか？」

考えているのか、考えていないのか、反応はない。また弟子に向かって言う。

「おい、ちょっと暑いな。楽屋のドア開けてくれ」

やっぱりダメということなのだろうか。次の名前をあげる。

なんばグランド花月
大阪市中央区難波に位置する古本興業運営の劇場で、通称・NGK。座席数は900席ほどだが、舞台と最前列が近く、昔は面白くないとすぐにヤジを飛ばされる厳しい場でもあった。古本興業の芸人が成功するのは、NGKをはじめとする劇場（舞台）で鍛えられているためとされる。楽屋は以前、ビルの3階にあり、大御所から新人までがたむろして、いろんな話をしており、その話を聞くのも楽しかった。

「新喜劇の岩田清君はどうですか？」

さきほど弟子が淹れたお茶に少しだけ口をつけると、

「羽織とってくれるか？」

……。こんな感じでこちらが持参した候補タレントにはすべて手応えがない。

ここまで来ると、鈍感な私もこちらからいくら提案してもダメなのだと察する。

「師匠は誰がやりやすいでしょうか？」

今までのやりとりなどなかったように、直截に聞いてみる。

「そうやな、遠枝くんとかはどうかな？」

待ってましたとばかりの即答。

柱遠枝さんは、先代の分枝師匠の弟子で、六枝師匠とは兄弟弟子にあたる。師匠にとって、これまで名前の上がった誰よりも気楽に仕事ができる間柄だということは間違いない。

ただ、遠枝さんと六枝師匠との組み合わせはよろしくない。というのも、遠枝さんが兄弟子の六枝師匠に気をつかいすぎ、緊張感のないゆるい雰囲気になりかねないからだ。遠枝さんとは一緒に仕事をしたこともあり、優しく遊び好きで良い人ではあるものの、テレビカメラにチラッと目線を送るクセがあり、それも今回の番組のテイストにそぐわないように思える。

私はそのことを六枝師匠に伝えるかどうか躊躇して揺れた。

「どやろ？」六枝師匠が念押しするように言い、機先を制された私は、

「いいですね。承知しました」と思ってもいないことを口にしてしまう。

初対面の六枝師匠の意向*に逆らうこともできず、〝鶴の一声〟でキャスティングは決まってしまった。

それにしても楽屋であんなに持って回った小芝居をしなくても、最初からはっきり言ってくれれば、不毛なやりとりをしなくて済んだのに……。そんなことを思いながら、なんばグランド花月をあとにした。

某月某日　ロイヤリティー15円：思わぬ誤算

番組の概要と、主要キャストとスタッフ繰りも決まり、あとはどんな商品を開

師匠の意向
大物になるほど、こちらも忖度せざるをえなくなる。逆に、演出に一切注文をつけないことで有名なのがタモリで、私が直接やりとりした中では浜村淳さんがそうだった。演出されたことを精一杯やるので、失敗すれば演出の責任。そう考えるとある種の怖さがあった。

発するかを決めればよい……はずなのだが、初回の打ち合わせで六枝師匠の個人事務所に行ったときのことだった。

「北君、ちょっと考えてたんやけど、中小企業の社長っぽく、僕がヅラを被るっちゅうのはどうかな？」

席に着くなり、六枝師匠が提案してくる。企画意図はドキュメンタリー番組だ。きちんとした商品を開発し、それを販売していくことを主眼に考えているのに、MCがヅラ*ではコントになってしまう。どうやって断ろうかと考えていると、

「いいですね！　さすが師匠！」

同席していた岩貞ディレクターが合いの手を入れる。おいおい、なに言うてんねん！　心の中でツッコんだが、遠枝さんのキャスティングをやすやすと受け入れてしまった私も他人のことは言えない。大御所タレントを目の前に追従してしまうのはテレビマンの性《さが》なのかもしれない。

「そやろ」六枝師匠もまんざらでもなさそうで、ヅラは既定路線になってしまった。

その後も師匠の個人事務所*に打ち合わせに行くたびに、

MCがヅラ
六枝師匠が指定したのは、コントで使うようなじつに安っぽいハゲヅラだった。ドキュメンタリータッチの番組だと伝えているのに、ちょびヒゲまで描いてきたのは驚いた。

師匠の個人事務所
師匠の個人事務所「六友

「北君、ハムの絵が描いてある皿ってどやろ？　これ使えば、レタスだけ乗せたらハムサラダになるんや。名づけて〝ハム皿ダ（ハムサラダ）〟。ええやろ」

「北君、携帯電話かけるときの帽子で、片一方の耳に耳当てみたいなのがついてるねん。これは名づけて〝電磁波帽子（防止）〟、どう？」

　師匠のアイディアが出るたびに、

「それは面白い！　最高です！　絶対売れますよ！」

　岩貞ディレクターが必ず太鼓持ちのようにヨイショをし、私は軌道修正もできぬまま、隣で苦笑いするのだった。


　そして、番組がスタート。記念すべき第1弾は、広島のオカメソースと組んで開発した究極のお好み焼きソース「大真打」だ。

　まず、タレントが広島にあるオカメソースまで行き、工場で原料を混ぜ合わせ試行錯誤している様子をリポートする。同時に大阪・下町にあるお好み焼きの名物店にも赴いてソースの配合の秘密を聞き出し、オカメソースの開発担当者にフィードバック。さらに、大型スーパーに陳列してもらうための交渉に行き、そ

事務所」は梅田からほど近い場所にあり、古い小さなビルの2部屋を借りていた。新作落語を作ったり、文章を書いたりするときに使うだけでなく、数名のタレントを個人事務所に所属させていた。

の模様もドキュメントで追いかける。「ASAYAN」と同じように、商品開発から販売準備までの様子を毎週刻々と視聴者に伝えた。

こうして迎えた発売当日。日曜日の午前中の番組では、最後の一押しで煽りに煽りまくる。

放送の直後から、取材カメラを向かわせたスーパーには番組を見て「大真打」を買いに来る人が殺到し、店頭の在庫はあっというまに即日完売*となった。さらに他店でも、こちらの目論見どおりに売れ続け、製造した10万本はその日のうちに無事に完売となった。

商品代金300円、ロイヤリティーが5%の1本あたり15円という設定だったので10万本で150万円の収入だ。これを番組制作費に回すことで、潤沢な資金でより充実した番組作りが可能だ。

1回作って1回売っただけでこれだけの儲けが出たのだ。継続して作っていけば、より大きな利益を得られる。私はこの成果を見て、この番組まるごと商品開発&告知パターンは可能性があると確信した。

ところが、ここで予期せぬ誤算が生じる。

即日完売
「大真打」は大成功したのだが、この話には後日談がある。放送の翌日、私は営業から呼び出されて大目玉を食らった。「なんでうちが広島のソース業者の番組をやるねん!」。当時、大阪には2つのソースメーカーがあり、ともにテレビ局の大スポンサーだったのだ。しかも、そのうちの1社にとってオカメソースは因縁の相手で、ロゴマークなどをめぐり裁判するほど揉めていたという。やっぱりスポンサーは神さまなのだ。

１つ目の誤算はお金の配分だ。当初はこのお金を番組制作費に回せると踏んでいたのだが、この会社の株主になったテレビ上方から「制作費と、この会社の利益をごっちゃにするのは税務上、問題がある」という指摘が入った。

最初の話と違うじゃないかと思ったものの、もともとこの会社が儲かるなどと誰も予想しておらず、本社経理部門も税務上の考慮などしていなかったのだ。上層部の説明にいちプロデューサーである私が逆らうわけにはいかない。泣く泣く了承せざるをえなくなった。

２つ目の誤算は六枝師匠だ。六枝師匠は作った商品を売り続けることより、新しい（面白い）商品を開発することに興味があった。一度番組で扱った商品は再プッシュされることなく、そのまま放置されることとなった。

その後、番組では、きつねうどん味の飴の中に１つだけ辛い一味唐辛子が入っている「新しい大阪土産・キツネの涙」や、すごい刺激で思わず目がさめる「高速道路ガム」などを開発して、それなりのヒットとなった。

あるとき、開発した商品が売れていることを知った六枝師匠が言った。

「北君、代表取締役（番組内での役割であるとともに登記上の役職）の僕にも、役員報酬ちょっと回してくれへんかな」

「師匠、すみません。お金は全部、〝上〟に巻き上げられてるんです」

本音まじりの冗談でかわしたが、その後も何度か六枝師匠にお金を回すように持ち掛けられた。

そもそも高いギャラを稼いでいる六枝師匠がこの程度の小銭の話をするのは冗談だと思っていたのだが、事情通でもある共演の遠枝さんいわく、

「六枝師匠の奥さんが厳しくて、お小遣いが少ないといつも愚痴を言ってるねん」とのことだったので、「ちょっと回してくれ」は意外と本気だったのかもしれない。

肝心の視聴率はといえば、可もなく不可もなくといったところ。その時間帯の過去の平均視聴率*よりはややよかったが、それも誤差の範疇で、半年（2クール）がすぎても上昇の兆しが見られなかったことから、ちょうど1年を節目に終了となった。

YouTubeなどのSNSなど影も形もない時代、テレビは最高のインフルエンサーだった。テレビを利用して商品情報の拡散に継続して取り組めば、もっと大

過去の平均視聴率
視聴率における重要な指標が「前4週平均視聴率」で、当該週を含まない過去4週間の平均視聴率を指す。この数字は営業のスポットCMの作案時に使用される。スポンサーはスポットCMを発注する際、GRP（「Gross Rating Point」の略で、ある期間に放送されたテレビCMの総世帯視聴率の合計のこと）を指定する。予算内で購入できるGRPを実際のCM枠に割り付け、放送プランを作ることを「作案」といい、この作案時に前4週平均の視聴率が使われるため、この指標

きな放送外収益が上げられたはずだ。その試みはちょっと早すぎたのかもしれない。

某月某日　三くだり半：厄介な伝言ゲーム

「北さん、『どんき～こんぐ』のきびだんご君から困った話を聞いちゃったんですけど……」

長坂ディレクターが声を潜めて話しかけてきた。古本興業所属の漫才コンビ「どんき～こんぐ」は私のプロデュースする番組の出演者だ。

「じつは六枝師匠がアシスタントの白木さんを口説いているらしいんですよ。『月20万円でどうや？』って言ってるらしいのですが、彼女はそんな気はないみたいで……」

大御所・柱六枝師匠は女好きで知られているが、ついにわが番組のアシスタントにまで手を伸ばしてきたか。

が重要視されることになる。

「師匠があんまりしつこいようやったらやんわり遠回しに話すけど、でもなんできびだんご君からそんな話が出てくるねん」

「じつはきびだんご君と白木さんができてしまっているらしく……。白木さんが『師匠がしつこくて嫌やねん』って、きびだんご君に愚痴ってるらしいんですよ」

つまり、六枝師匠がアシスタントの白木さんを口説く→白木さんが彼氏*のきびだんご君に伝える→きびだんご君が長坂ディレクターに報告→長坂ディレクターが私に伝える……厄介な伝言ゲームがあるものだ。

「『白木君もこの世界で生きていくならいろんな経験をしたほうがええで。どんな経験でもすべて芸の肥やしになるし、とくに年の離れた男とつきあうと、いい意味で色気が出てくるんや』って口説いてきたらしいですよ」

長坂ディレクターが六枝師匠の口調を真似て言う。一緒に番組をしている長坂ディレクターの師匠のモノマネは絶品だ。

しかし、私には気になることがあった。じつはこの少し前、きびだんご君自身からもうすぐ結婚するという報告を受けていたのだ。

「きびだんご君、近々、結婚するって言ってなかったっけ？」

彼氏
といっても、きちんとした交際ではなく、芸人の言葉でいうところの「カキタレ」（「カク」が性交渉、「タレ」が女性の意）だったようだ。

「はい、来年、大手ディスカウントスーパーのご令嬢と結婚するらしいです。それなのに白木さんとねんごろになっちゃって、マズイですよね」

こちらとしては六枝師匠に注意して、「なんで知ってるねん」とでも言われたら、答えようがない。私は六枝師匠には何も言わず、そのまま知らないふりをしていた。

結局、白木さんが断り続け、六枝師匠もあきらめたようで無事（？）解決したのであるが、この話には続きがある。

漫才コンビ「どんき〜こんぐ」のきびだんご君は予定どおり有名ディスカウントストアの令嬢との結婚話が進んでいた。ところが、白木さんとの関係が奥さんにバレてしまったのだ。

浮気を知った奥さんは彼に漫才師を辞め、芸能界からも身を引くよう勧めた。そして、そのかわりに父親が経営するディスカウントスーパーの専務になってほしいと伝えた。

芸人以外の仕事にも魅力を感じていたきびだんご君はラッキーとばかり、この話に飛びついた。相方や古本興業の猛反対を押し切ってコンビを解散してタレントを廃業し、古本興業も辞めた。そのタイミングで、私のところにもあいさつに来てくれた。

「いろいろとお世話になりました。芸人を辞めて、嫁さんの実家の会社の専務になることにしました」

洋々たる将来を見据えてか、表情は明るかった。

しかし、女性のうらみは根が深い。結婚式を挙げた翌日、奥さんはきびだんご君にこう伝えたという。

「あんたの浮気はやっぱり許せない。離婚しましょ！」

きびだんご君は幸せの絶頂で三くだり半を突きつけられたのだった。

これがドラマの脚本なら、プロデューサーとして「だいぶできすぎた話やな。もうちょっとリアリティーが出るように考え直そう」と差し戻すところだ。が、こんなことが現実に起こる*のだから恐ろしい。

現実に起こる
きびだんご君はその後、IT企業や物流会社の役員や代表を務め、現在は香港で日本食を扱う会社を経営し、成功している。

第3章

役に立たず、尊い仕事

某月某日 **悪酔い**：中国国宝の片隅で

日中共同制作の特別番組が立ち上がった。玄奘三蔵法師《げんじょうさんぞうほうし》が歩んだ道をたどるドキュメンタリーをベースに中国各地をめぐりながら、折々に三蔵法師のエピソードをドラマで再現する。俳優の杉木哲太をドキュメンタリーのリポーター兼ドラマの主演としてキャスティングし、中国側からはCCTV*のコーディネーター2人がサポート役に入る。私もプロデューサーとして、中国の西安《せいあん》から新疆《しんきょう》ウイグル自治区までのロケに同行することになった。

まず、われわれ一行は、最初の街・西安で、中国のコーディネーターも含めたスタッフ一同で親睦を深めることになった。中国では「乾杯」のあと一気に飲み干し、飲んだ証に盃をひっくり返して頭の上にかざす儀式がある。

酒好きの現地スタッフたちと何度も杯を頭の上にかざしていると、次第に彼らの目が泳ぎ出す。どうやら彼らの乾杯にここまでつきあう日本人は珍しいようで、

CCTV
中国中央電視台。日本でいうNHKにあたるテレビ局。CCTVのコーディネーターの男性は酒席でこう言った。「中国に強いものが3つあります。なんだかわかりますか？」。「共産党？」と答えると、「それもありますけど、本当に強いのは、公安と、ヤクザ、それにCCTVです」。

「あれ？　日本人はお酒が弱いはずなのに」みたいなムードになってくる。それがおかしくて、私も少々意地になって飲む。私の数少ない自慢は酒に強いことなのだ。

こうしてかつて三蔵法師がたどった道をなぞりながらの撮影がスタートしたのだが、どうやら私が酒好きという話が広がったらしく、毎夜宴会で白酒の乾杯が続くことになった。*

昼間にドキュメンタリーの撮影を行ない、夜には酒宴という日々を3週間ほど続けたあと、われわれは新疆ウイグル自治区の吐魯蕃《トルファン》という街に到着した。天山山脈の雪解け水が流れる地下水道（カレーズ）がブドウ畑を潤し、砂漠のオアシスといった美しい街だった。

ホテルの前に屋台村のような場所があり、いつものように飲み始めた。

2時間ほどするとロケに参加していた杉木哲太*が椅子の上に立ち上がり、「インドの歌を歌いま～す！」と言って大声で歌い出した。杉木とはこの旅で何度も酒席をともにしているが、いつもはこんな酔い方はしない。

何かおかしいと感じたが、気にせずそのまま飲み続けていた。あとからわかっ

白酒の乾杯が続く
そのうちに「酒の強い日本人が来ている」という噂が街に広がり、正体不明の連中まで宴会に参加し始めた。最初、自称「町一番の酒飲み」が来ていたのが、自称「近郊一の酒飲み」が来るようになり、ついには自称「陝西省（せんせいしょう）一の酒飲み」がやってきたのだった。

杉木哲太
このときは監督の過剰な演出に杉木が納得せず、監督と杉木のあいだで対立があった。プロデューサーである私は撮影をつつがなく進めるため、両者の緩衝材として立ち回っているうちに杉木と仲良くなった。

たのだが、酔わない日本人をやっつけるため混ざりものだらけのとんでもない酒が出されていたらしい。何杯飲んだだろうか、私も人生で初めて記憶をなくしてしまった。

次の日の朝、目覚めるとホテルの周辺から騒がしい声が聞こえてくる。通訳で帯同していた中国人女性がパニックになっている。

「北先生、あなた、昨日何をしたか覚えていますか？」

「いや、悪いんだけど、昨日の記憶がまったくない」と答えると、

「北先生と杉木先生、酔っ払って2人で一緒にちんちんを出して、ホテルの前の店で肩組んでスキップしていたのですよ。それを見ていたイスラムの人たちが怒って今ホテルの前に集まっています」。

私は真っ青になった。酒の飲み方*はきれいなほうで、酔って醜態をさらした記憶はほとんどない。それが下半身をむき出しにしていたなんて……。

カーテンの隙間から外をのぞくと、ホテルの前には200～300人はいるだろうか、髭を伸ばしたいかついイスラムの男たちが声を張り上げている。なかには大きな青龍刀のようなものを手にしている者までいる。

酒の飲み方
酒好きな芸人は多い。ある番組で関西国際空港に集合したところ、古本新喜劇のチャーリー岸さんが朝からベロベロに酔いカップ酒片手に現れたのには驚いた。若手のころ

続いて、日本語を話せる現地のコーディネーターが言った。

「あなたたち日本人は酔っ払うとそんな小さいちんちんを出すのですか？　私たちイスラムの国でそんなことをすると死刑です」

酔っていたうえに肌寒い夜だったので縮んでいただけで、それほど小さいわけではない（はずだ）。コーディネーターは続けて、

「あなたたち日本人、エッチしたらすぐに終わりますよね。私たちイスラムの人間は7時間エッチしますよ。日本人みたいにすぐに終わりません」

なぜか泣きながらそんなことを言う。われわれのエッチがすぐ終わるかどうかはこの際関係ないはずだが、いずれにしても集まった人々が怒っていることだけはよくわかった。

私と杉木は相談して2人で群衆の前に出て謝罪することにした。私たち2人が表に出ると、群衆から怒号のようなものがあがり、身の危険を感じるほどだった。すぐに通訳を介して、ひれ伏さんばかりにごめんなさいを繰り返した。群衆は私たちが心から謝っていることがわかったのか、次第におとなしくなっていった。

その日の撮影は中国でいう「国家一級文物」（日本だと「国宝」にあたる）の

から酒好きで有名で1日にウイスキーのボトルを2本以上空けていたという。

高昌故城というお城
トルファン市から東へ約40キロの三堡郷にある、古代高昌王国の都があった土地だ。故城の歴史は古く、紀元前にはすでに城壁が建てられ、その後1300年以上も存在していた。13世紀末の戦乱で倒壊してしまったが、

高昌故城《こうしょうこじょう》というお城*の中で行なわれた。

ところが、われわれには昨日の酒が残っている。私はなんとか持ちこたえたが、技術スタッフたちは撮影中に気分が悪くなってしまったようだ。

杉木が二日酔いを押し隠しながら必死でリポートしていると、音声スタッフのひとりが持ち場から駆け出した。彼はお城の片隅でうずくまっている。どうやらその場で吐いているらしい。中国人コーディネーター*は気づいたようだが、見て見ぬふりをしてくれた。

ちょうど良かったのは、お城が砂でできていたことだった。吐いたゲロに砂をかけておけば、たちどころに隠ぺいできる。そこら中でスタッフたちが自分の吐いたゲロに猫のトイレのように砂をかけながら、なんとか撮影を完遂したのだった。

某月某日　**ワイドショープロジェクト**：そして報道デスクへ

残存していた部分を使いながら修復・復元されている。

中国人コーディネーター　ほかにも現地の高昌故城のコーディネーターも一緒にいたが、彼らは気づいていなかったと思う。もし、気づいていたとしても彼らはウイグル族だったので、漢民族であるCCTVのコーディネーターに逆らえる立場ではなかったのかもしれない。

在阪各局で、生放送のワイドショー番組が次々に誕生し始めた。この当時、北海道のローカル局が放送した夕方の生ワイド番組が大成功を収めていた。地方局でもよい番組を作れば、視聴率をとれる。われわれローカル局も彼らの成功に勇気づけられた。

そんな中、テレビ上方にニュース対応が可能な生放送*枠が少ないことに対して、局内から疑義があがった。親会社である新聞社出身の経営陣からも「社運を賭けて、生ワイドをやる」と指示が出された。

こうしてテレビ上方内に「ワイドショープロジェクト会議」が立ち上がった。ここには編成、制作、報道それぞれからスタッフが参集し、どのようにすれば、ワイドショーを成功させられるかという議論が繰り返された。私もこの会議の一員だった。

ニュース番組を制作するにはカネと人員が必要になる。取材カメラの稼働台数を確保したり、各記者クラブに配置する記者を揃えたりしなければならない。ニュース番組はカネ食い虫なのだ。他系列にくらべて弱小系列と呼ばれたテレビ上方には、報道番組をやるカネも人もその他のリソースも圧倒的に不足していた。

ニュース対応が可能な生放送
国政選挙の開票特番も行なわず（正しくは「行なえず」かもしれないが）通常番組を放送していた。緊急事態が起こっても、たいてい通常放送を続ける局として変な注目を浴びることもあった。

戦力が整わない中で他局と張り合って勝てるのか？　どうしてもワイドショーが必要と思えない私は「プロジェクト会議」内で論陣を張った。

「ワイドショーは総力戦になります。経験値、スタッフの人数*、スタジオやカメラ機材の質と数量、さらに制作費、どれをとっても他局と比較にならないうちには難しいのではないでしょうか？」

ワイドショープロジェクトの急進派だったのが常務取締役の高寺本部長で、彼もまた親会社の新聞社出身だった。

「北君、やれない理由を探してはいかんよ。やれる理由、勝てる方法を見つけ出すのがキミの役割だよ」

「私も攻めるのは好きですし、局としても攻めの姿勢は必要だと思います。ですから、他局と同じ土俵で勝負するのではなく、ほかがワイドショーをやっている時間帯にクイズやバラエティーなどまったく違う角度で攻めてみるのはどうでしょうか？」

しかし、ワイドショーありきの高寺本部長は強硬だった。

「そんなことを言っていたら、うちはいつまで経っても生放送ワイドショーなど

スタッフの人数
たとえば、制作番組であればディレクター自身が編集機で編集するところを、ニュース番組は取材してから放送までの時間がないため、専用のVTR編集オペレーターを必要とする。素材が多くなれば、その分、編集オペレーターの数も増やさなければならなかった。

作れないことになる。在阪各局で、生放送ワイドがないのはうちだけだ。われわれは今の地位に甘んじているわけにはいかないんだよ」

夕方の時間帯は全国ネットニュースへの流入のための重要な枠で、在阪局は気合を入れてワイドショーを制作している。一方のテレビ上方では１時間の再放送番組のあと、キー局の情報番組とローカルニュース番組を放送していた。闘う気のない編成ともいえる。

だからといって、すでにサメだらけのレッドオーシャンともいえる漁場に飛び込んでも、もう魚（視聴者）などいない。

「深夜帯ならいざ知らず、夕方は王道の時間帯です。グルメに特化したクイズ番組とかバラエティー番組とか、他局がやらない斬新な企画をしないと討ち死にします」

「いい加減にしろ。ここはおまえの主張を披露する場じゃないんだ」

最終的には高寺本部長の判断でワイドショーをやることが正式決定された。新聞社出身の高寺本部長にとっても、報道番組に対する思い入れは強いものがあったのだろう。

その後、「ワイドショープロジェクト会議」で、私がその番組のプロデューサーに指名される。反対派の急先鋒で、ワイドショーをやる上での問題点を一番把握しているはずだという理由で、「北にやらせよう」という声が大勢になったのだ。

だが、私はそもそも報道番組に携わったことがない。そこで1年限定で、報道局のニュースデスクとして生放送の現場を経験することとなった。

会社から正式な辞令が出され、肩書きは「制作局プロデューサー」のまま、報道部のデスクを兼務するかたちになった。ワイドショーは制作局が制作することが決まっており、肩書きは変更できなかったのだ。私は40歳になろうとしていた。

某月某日 商売あがったり：平和な一日では…

「デスク」というのはその日のニュース番組の編集長のようなものだ。どのネタを、どのくらいのボリュームで、どの順番で使うかを決める。4人のデ

スクが日替わりで順繰りにその日１日のニュース番組を担当していた。

テレビ上方に朝のニュース枠はなく、夜もミニ枠番組といって実際の放送時間はわずか1分半。ストレートニュースが１～２ネタぐらいなので、デスクとしてはネタ候補を選別すれば終わりでほかにやることはほとんどない。夕方に30分のニュース番組があり、これが唯一デスクとして手腕をふるう場だった。

朝10時に出社すると、報道の記者やスタッフを集め、その日のニュース素材を確認し、誰がどの案件の取材を担当するかを決めていく。30分番組だと、７～８分の特集*（これは事前にネタも決まっており、先行して取材・編集を行なって素材も完成していることが多い）、それ以外に２分程度の当日ニュースネタが４～５本、30秒～１分程度のショートニュースが３～４本、それと天気予報という内容だ。

「じゃあ、順番にネタを見ていこうか？」報道フロアでデスクである私を中心に、タイムキーパーが作成した当日の進行表を見ながらミーティングが始まる。

「井上は堺の火事の取材にもう出かけています」

「昼から昨日のＵＳＪのジェットコースター事故の会見があるので、山本は会見

特集　病気を抱え、心臓移植以外に助かる方法のない女の子を取材し、番組の特集として放送した。この当時、大人の心臓移植は認められていたが、子どもの生体移植は認められておらず、そのことを世に問う内容だった。反響は大きく、あっというまに寄付金が集まり、実際に彼女はアメリカの大学病院で心臓移植手術を受けることができた。さらにアメリカでの心臓移植を取材したドキュメンタリーは、全国ネットの特番として放送された。当時、報道局長が「生体肝移植（せいたいかんいしょく）」を「性感帯移植（せいかんたいいしょく）」と言い間違い続け、しばらく誰も訂正できなかったのはどうでもいい余談だ。

場に向かいました」

「山口組にガサが入るという府警からのリークがありました。事前にスタンバイしておきます」

記者・スタッフそれぞれの状況と当日のネタを報告していき、それを受けて私がネタの扱い方や放送順を決めていく。午後3時をすぎるころには原稿があがってくるので、それをチェックして不適切な用語や原稿の間違いがないかを確認する。さらに、その日放送の特集などを事前にプレビューチェック。

午後5時に放送がスタートすると、サブ（副調整室）*に待機。D卓に座ってディレクションをする場合もあるものの、番組が始まってしまえばよほどのことがないかぎり見ているだけだ。

編成や制作畑を歩んできた身からすると、ニュースの現場には何かなじめない居心地の悪さを感じていた。緊急対応用の泊まり勤務*があることや、当日の朝から放送までに素材を仕上げるバタバタ感などだけではない何か……。

その日はミーティングで誰からもなんのネタも出てこなかった。記者やスタッ

サブ（副調整室）
スイッチング卓、音声卓、照明卓、VTRなどがあり、スイッチャーやディレクター、タイムキーパー、音声マン、照明マンなどがそれぞれの仕事をしている。とくに技術さんの喫煙率の高さは異常で、精密機械が山のようにあるにもかかわらず、卓上は灰皿だらけだった。

泊まり勤務
泊まり勤務用に小さな個

フにしてみれば、自分以外の誰かは何かしらのネタを持っているはずと思っていて、互いに顔を見合わせている。まずい。特集だけは決まっているが、それ以外に放送すべきネタが何もないのだ。

「どうすんねん、今日の夕方のニュースのネタ、特集以外まだ何もないぞ。こんなん洒落にならへんやろ」

「動物園に電話して、赤ちゃんでも生まれてないか、聞いてみましょか？」

　報道にとって、ニュースがないときの常套手段は動物と子どもだ。

「おう、そうしてくれるか」と藁にもすがる思いで頼んだものの、数分して戻ってきた担当は「なんにもないそうです」。当然ながらそんなに都合のいいネタが転がっているはずもない。

　ふつうは季節行事で祭りの準備とか海開き、山の学校の早めの冬休みといった「暇ネタ*」があるのだが、それもゼロ。私は焦った。世の中では大きな事故や事件もなく何もない１日は素晴らしい１日だ。ところが、報道の人間にとって、そんな日は商売あがったりの最悪な１日なのだ。

　私はいつのまにか、何か急な事件や事故でも起こってくれないかと願っていた。


室があり、そのベッドで仮眠できる。ただ、夜中に緊急ニュースが入ると、共同通信のキンコンカンというアラームが鳴り響き、その後にニュースの速報音声が流れる。このキンコンカンが鳴ると夜中でもすぐに対応しなければならず、この音を聞いただけでドキッとする。

暇ネタ
桜の開花状況や紅葉の見ごろ、各地の花祭りなどの「季節ネタ」、動物園や水族館の赤ちゃん誕生や、ペットのユニークな特技や行動などの「動物ネタ」、伝統的な祭りや各地の特産品などの「地域ネタ」などがある。季節ネタは昨年のＶＴＲをそのまま流しても誰も気づかないのではと思えるほどの定番である。

願いが通じたわけでもないだろうが、その日はその後、阪神高速での多重事故などのニュースが飛び込んできて、事なき（!?）を得たのだった。

某月某日 インタビュー禁止令：報道の使命とは何か？

ニュース番組のデスクになって数カ月がすぎたころ、在阪局の報道のデスク会*に参加した。M放送の会議室で会議をしていると、ひとりのスタッフが駆け込んできた。

「バスジャック事件*が起きたみたいです。犯人が高速バスを乗っ取っています！」

われわれはいったん会議を中断し、報道フロアにあるテレビの前に陣取った。

犯人がジャックしたバスは九州から中国地方の高速道路を走行し、広島県のサービスエリアで停まった。報道では、警察が犯人と交渉し、まずは女性や子どもを解放するように説得していると報じられた。

デスク会
在阪局は横のつながりがあり、局同士のあいだの会議も多数開かれていた。編成は編成同士、営業は営業連絡会、報道は報道部長会や報道デスク会などで、それぞれが抱えている問題や出来事などを3カ月に1回程度、意見交換していたのだ。

バスジャック事件
2000年5月3日に発生した少年によるバスジャック事件。佐賀市発

その映像を見ながら、M放送のニュースデスクがつぶやいた。
「そんなところで停まるな。どうせなら、もっとこっちに来いよ」
バスが兵庫県に入ってくれれば、彼らM放送の管轄エリアになる。すると広島の系列局から自分たちが主導権を奪えるというわけだ。ただ漫然と映像を眺めていた私はそういう見方ができるのかと驚いた。ギラついたニュースデスクの目に、報道人としてのすごみを感じた。だが、同時に私はこうなれないし、なりたくもないとも感じていた。

バスジャック事件の1年後、大阪の小学校で校内に入り込んだ男により、小学生8名が殺害される事件が起こった。地元の小学校でもあり、われわれテレビ上方の報道局も大騒ぎになった。すぐに中継車を現場に向かわせ、報道の準備に入る。

各社の中継車が校門の前に停まり、スタッフたちが中継の開始を待っている。私はD卓で中継映像を見ていた。小学校には続々と心配顔の父母が迎えにきている。父母や先生に付き添われながら、児童たちが下校していく。

福岡市行きの西日本鉄道の高速バスが17歳の少年により、九州自動車道の太宰府インターチェンジ付近でジャックされた。その後、九州自動車道を走行し、関門橋を通過、中国自動車道に入る。山口ジャンクションから山陽自動車道に入ったあたりでテレビ各局での中継が始まる。その後、広島県に入り、東広島市の奥屋パーキングエリアで数時間停車。再び小谷サービスエリアまで移動して停車。ここで特殊部隊が突入し、犯人を逮捕、発生から15時間半が経過していた。

そこに女性リポーターが近づいていき、マイクを向ける。

「どうだった？　怖かった？」

小学校低学年の子どもは顔を伏せたまま、何も答えずに通りすぎていく。

その映像を目にした私は頭に血がのぼった。こんなときに小学生にまでマイクを向けて、いったい何を聞こうというのだ。まともな答えなど返ってくるはずもない。そんなことはわかったうえで、彼らは「ショックを受けている小学生」の映像を撮りたいのだ。

「うちは子どもへのインタビューは絶対、禁止な！」

私はスタッフたちにそう通告した。

「なんでですか？」スタッフたちから反発の声があがった。

「インタビューしないことには中の状況もわかりません。報道の人間として、取材するのは当たり前じゃないですか。それに他社がやってるんだから、うちがやめたら特落ち*になりますよ」

スタッフのひとりが猛反発する。もちろん、彼の考えに一理あるのはたしかだ。

「いくつの子どもやと思ってるねん。小学生に『教室の中は血だらけになってい

特落ち
他社が扱っている大きなニュースを1社だけがつかめず報道できないこと。

ました』とでも言わせたいんか？」

その場ではそう言い切ったが、報道の人間としてはスタッフの主張のほうが正しいだろう。

事件や事故が起こると、必ず被害者やその親族、友人知人、あるいは加害者の親族などに取材陣が突撃する。当事者の声が報道に欠かせない要素だからだ。それが「報道の使命」なのだろうが、私にはそれが正しいと思えないある理由があった。

某月某日

役に立たず、尊い仕事：阪神大震災の現場で

阪神・淡路大震災*のあと、知人から聞いた、制作会社プロデューサー・野口さんの話はいまも忘れられない。

報道やバラエティーまで手広く手掛ける制作会社に勤める野口さんの実家は神戸市長田区にあった。

トクダネの反対概念。新聞社もテレビ局の報道部も特落ちを極端に恐れる。

阪神・淡路大震災 この地震で私自身も被災して、しばらく大阪の親戚宅のそばで避難生活を送っていた。マンションはヒビが入るぐらいだったものの半壊指定を受け

午前5時46分の地震で野口さんが住むマンションは激しく揺れ、家財が倒れる被害が出た。幸い、家族にケガはなかったが、徒歩圏内にある古い一軒家に住む両親が心配になり、野口さんはあわてて実家に向かった。

そこで目にしたのは倒壊した自宅だった。玄関もぺしゃんこにつぶれていて、家の中に入ることができない。

「親父、おふくろ、大丈夫か⁉」家の前から野口さんが声をかけると、

「孝一か？　まだ大丈夫やで。早う助けて！」

お母さんの声が聞こえてきた。

一刻も早く助け出さねば。野口さんが崩落した屋根をどかそうとするが、とてもじゃないが手作業でどうにかなるものではない。それでも必死に瓦礫をどかそうとしていると、周囲からパチパチという音とともに焦げ臭いニオイが漂ってきた。どこかで火がついたのだ。野口さんは焦った。

「今、助けるからな。もう少し待ってくれよ！」

そんなふうに声をかけると、つぶれた家の中からは「おお、早くしてくれ」という父親の声が聞こえてくる。


た。このとき、業務本部長が全壊認定者には100万円、半壊認定者には10万円を個人的に自腹で配った。「ちょっと儲かることがあったんや」と照れくさそうに言いながらお金を配っていた姿に感動した。

「誰か、助けてください！」

助けを求めて周囲に大声でそう叫ぶが、まばらに通りすぎる人たちも自分のことに必死でどうしようもない。

そのうちに遠くで燃えていた火が延焼して、火の手がこちらへと迫ってきた。熱波が押し寄せてきて、その場に立っていることができない。

「親父！　おふくろ！」

家に呼びかけると、

「孝一、もういいからあんたは逃げなさい。ここに残ってたら、あんたまで焼け死んでしまうで」

かろうじてお母さんの声が聞こえてくるが、火の燃えさかる音が大きくなり、それ以上、何を言っているのかもよくわからなくなる。

野口さんは何度も迷いながらも、血の涙を流す思いでそこから退避した。

数時間後、実家のあった場所に向かおうとすると、ある局の取材班に出会った。そこには一緒に仕事をしたことのあるディレクターがいた。

「野口さん、そういえば、このあたりご実家でしたよね。ちょっとお話を聞かせてもらえませんか？」

野口さんに何があったか、そのディレクターは知らなかっただろう。あくまで取材の一環として、被災者に話を聞きたかっただけなのだ。野口さんはそれを理解しつつも、

「うるさい！　あっちへ行ってくれ！」と怒鳴ってしまった。

野口さんはこう語ったという。*

「自分も報道の仕事の手伝いをすることがあるので、なんとか取材に応えようとしたが、あのときだけはどうしても無理だった。そして、こんな状況の人間に何かをしゃべらせることが報道の仕事なら、一生報道の仕事などしたくないと思った」

私がその現場にいて、彼の置かれた状況を知って、それでも取材させてくれと言えるか。本当に報道の人間ならば、そうしなければならないのかもしれない。

でも、私はそんな仕事をしたいとは思わない。

何もないところから企画を生み出し、誰の役にも立たず、世の中に笑いを提供する。私はそんな仕事を尊いと思い、そんな仕事に携わっていきたいと願うのだ。

野口さんはこう語ったという
私は野口さんとは親しくつきあっているが、じつはここに記した野口さんの体験を彼から直接聞いたわけではない。あくまで知人経由で知ったことだ。そして、知人からこの話を聞かされたあとも、私は野口さんにこのことを問うたことはない。震災を体験したもののひとりとして、軽々に語らうことはできない気がするのだ。

某月某日　派閥争い：新聞社出身局長いわく

「おい、北、このイベントだけどテレビ上方にとっても重要な話だから、誰か取材に向かわせてくれ」

桐敷報道局長から指示があった。

報道局長*のポジションには、親会社の新聞社からの出向者がつくのが通例だ。報道局長を数年こなすと、彼らはそのまま役員にスライドしていく。

桐敷報道局長は、東京生まれの東京育ち、東京の有名大学を卒業して新聞社に入社し、経済部から海外の特派員を経て、テレビ上方に報道局長として出向してきた。ただ、新聞社のエリートコースを進んできた桐敷さんにとって、テレビ上方への出向*は出世レースからの脱落を意味し、屈辱だったらしい。報道局長になってからも、われわれになじもうとする意思が感じられず、周囲を見下した態度をとるため、部内でも浮いていた。

報道局長
報道を統括する立場であり、とくに政治との結びつきも深く、東京キー局などでは大きな力を持っている。もともと地上派テレビ局ではミニ枠以外のニュース番組はゴールデンタイムには存在しなかったが、テレビ朝日が「ニュースステーション」で先鞭を切り、報道番組でも視聴率をとれることを証明したため、各局でも報道系の番組が増えた。

桐敷局長が言うには、この日、大阪市で国交省関連のイベントが開催され、新聞社時代の知人からどうしても取材してほしいと頼まれたのだという。ただ、あいにくその日は朝から事件・事故が複数発生し、カメラが出払っていた。

「局長、無理です。カメラが全部出払っていて、イベント取材に動ける人員がいません」

「なにっ？　人員がいないって、それでも報道か。人がいないから取材ができませんなんて、新聞社じゃありえんぞ！」

頭から湯気を出す勢いで怒り出した。

活字と映像は違うので、できることとできないことがある。報道が1日に使えるカメラの台数は決まっており、その数は増やせない。ましてこの時代の取材用カメラは大きく、取材先には複数人のチームで向かわなければならない。記者1人で身軽に取材に行ける新聞とは違うのだ。

「カメラの1台や2台、なんとかできるだろ」

「いえ、物理的に動かせるカメラがありませんし、そもそもカメラマンがいないんですよ」

テレビ上方ではニュース枠も少なく、報道局長も重要なポジションとはいえない。基本的には新聞社からの出向者の腰掛け的な立場だった。

テレビ上方への出向
この当時、テレビ局への出向はほぼ片道切符で、新聞社内での出世が閉ざされたという意味合いが強かった。2025年現在、新聞の発行部数減とともに新聞の広告売上げも激減し、必ずしも新聞社に居続けるのがベストではなくなってきている。

「いや、俺がこれだけ頼んでいるんだ。緊急時だと思って対応すればいいだろ」

上司相手に口には出さなかったが、国交省関連のイベントに緊急性などあるわけもない。いわゆる暇ネタだ。それを自分が誰かにいい顔をするためだけにゴリ押ししようとする局長にも腹が立った。

「申し訳ありませんが、できないものは何度言われてもできません」

私がきっぱりと言い切ると、桐敷局長は、

「それじゃあ、写真を撮ってきて、それでニュースにしたらいい」。

よっぽどのスクープ写真なら別だが、テレビのニュース番組でイベントの写真を流す意味がない。

「それもできません」と言うと、

「おまえらテレビはいったい何さまなんだ！」

そう吐き捨ててフロアを出ていった。とりあえず、国交省のイベントに人員を向かわせずに済んだことにホッとした。

私の知るかぎり、新聞出身者には人事の話が好きな人が多い。その点、桐敷局長は「好き」を通り越して、「生き甲斐」にしているともいえた。話し相手は局長の腰巾着である森下デスクだ。森下デスクは他のローカル局から転職してきた中途入社組で、桐敷局長に取り入ることで局内に居場所を確保しようとしているように見えた。

桐敷局長がフロア中に響く大声で話す。

「森下はたしか××年入社だろ？　××年組は新聞だと上に行っているやつが多くて恵まれてるんだよな」

「そうなんですね。それにくらべて、テレビの××年組は冷や飯を食らってるんですよ」

桐敷局長はやたら入社年次に詳しくて、誰が誰の1年上だとか、誰と誰は同期だとか、自分の同期にとどまらず、その前後の入社年次はすべて頭の中に入っている。私はといえば、テレビ上方は新聞社より圧倒的に社員数が少ないにもかかわらず、5人だけの自分の同期とその前後がかろうじてわかるくらいで、それ以外の入社年次などまったく覚えていない。

「俺は同期の中で一番出世が早かったんだ。だけど、当時の俺のボスが、日航ジャンボ機の御巣鷹山墜落事故で亡くなったんだ。彼が死んでなかったら、俺もそのまま新聞社で大出世していたんだよ」

桐敷局長のいつもの自慢話*が始まる。にがにがしく聞いていると、突然、局長から声がかかった。

「おいっ、北。おまえの同期は今、報道にも制作にもいないんだよな？　同期がいないんだったら、ちゃんと後輩を手なづけておけよ」

局長はご親切にも私にそうアドバイスしてくれた。

ある日、桐敷局長から4人のデスク全員に参集がかかった。

私たちが報道フロアにある局長の机の前に並んだところで、局長が口を開く。

「ところで、おまえたちは誰派なんだ？」

なんのことを言っているのかよくわからず、4人のデスクは顔を見合わせた。

そもそもテレビ上方内に派閥と呼ばれるようなものは存在しない（と私は思っていた）。もちろん仲のよいグループやよく飲みに行く仲間はいたものの、それは出世競争を争う派閥というようなものではなかった（と私は思っていた）。

自慢話
桐敷局長の自慢は〝人脈〟だった。いろいろな世界に顔が利くことに誇りを持っていて、「あいつには貸しがある」とか「あいつのことは昔からよく知っている」が口癖だった。皮肉を込めて「桐敷さんはクリントン大統領（当時）ともつながりがあるんですか？」と聞くと、局長は少し考えてから胸を張って言った。「ヒラリーには会ったことがある」

だが、新聞社出身の桐敷局長にとっては、部下それぞれが〝誰派〟なのかラベリングしておく必要があったのだろう。

「俺はこの会社でいずれ社長になる。俺についてきて俺の派閥に入るのか、そうでないのか、今ここではっきりさせろ！」

一番年長のデスクが「そんなこと知りませんよ」と言って席を立った。テレビ上方には、上司に言い返せる雰囲気があった。

森下デスクは「そんなこと言われるまでもなく、僕はずっと桐敷派ですよ」と即座に言い切る。桐敷局長は、腹心の恭順の意に満足げだ。

私ともうひとりのデスクは黙ったままだった。私は、賛意を示すほど従順でもなければ、敢然と席を立つほどの胆力もなかった。この場をどうしのごうか……。

「すみません。僕はこのあとニュースの打ち合わせやらないといけないので」

もうひとりのデスクがそう言って、気まずそうに立ち去った。私は何も言わず、そのあとに続いた。

結局、桐敷局長は社長*にはならなかった。

社長
開局以来、今に至るまで、テレビ上方の社長はすべて新聞社出身だ。現社長も新聞社の常務取締役からテレビ上方の専務を経て、社長に就任している。その前の社長は新聞社の専務まで務めているので、最近は新聞でもそれなりに出世した人がテレビ局に来るようになっているのだろう。

第4章 視聴率という魔物

某月某日 **生放送ワイドショー**：リアルな情報を集める

ついにこの日が来た。1年以上かけて準備されていた一大プロジェクトでもある夕方の生放送ワイドショーがスタートすることになった。

番組スタート時のパーティー（通称・討ち入り）では、出演者、スタッフを前に高寺本部長が「わが社はこの番組に社運を賭けています！」と熱っぽく宣言した。まさに全社をあげての総力戦、番組名は「満点！幸福テレビ」に決まった。

「満点！幸福テレビ」は、月曜から金曜まで毎日夕方3時間の生放送。局のリソースとして報道（ニュース）寄りの内容は難しいだろうということで、情報（バラエティー）番組の色合いを強めることになった。

メインのディレクターは5人いて曜日ごとに担当し、それを統括するのがプロデューサーの私だ。通常このサイズの番組だと、数名のプロデューサーとアシスタントプロデューサー（AP）がいるものだが、テレビ上方においてそんな体制

は望むべくもない。

いかに脆弱な体制といえど、やるとなったからには、裏番組の他局のワイドショーと渡り合う方法を考えなければならない。

まずはキャスティング。前身番組で古本興業のタレントを起用していたこともあり、私は古本興業からＭＣを起用したいと考えていた。古本興業に打診すると、月曜から金曜の帯番組なら日替わりで５人のタレントを使ってほしいという返答があった。

これには困った。帯をひとりのタレントが仕切ることで、お茶の間にタレントとともに番組も認知してもらいたいと考えていたからだ。

そこで私は古本興業のライバル会社・竹松芸能所属の林脇健二を起用する*ことにした。一時は東京でのレギュラー番組を多数抱え、全国区の人気を誇っていたが、このころにはすっかり落ち目になっていた林脇健二にとって久しぶりのメインＭＣで、彼も気合いが入りまくっていた。

打ち合わせで顔を合わせると、アピールのためか、「やる気、元気、林脇！」という、どこかで聞いたようなキャッチフレーズを連呼した。

林脇健二を起用
古本興業としてはそのまま継続で番組ＭＣをまかされるものと思っていたのに、蓋を開けるとライバルの竹松芸能に出演者を奪われた形になった。古本社内で大問題となったようだ。

「健ちゃん、この番組はテレビ上方が社運を賭けてるんで頼みますね」

「はいっ！　テレビ上方さんが社運を賭けるなら、僕も人生を賭けて取り組ませていただきます。この番組も始まるし、いつもは10キロのところ、今朝は15キロ走ってきました！」

走る距離が番組となんの関係があるかわからないが、とにかく気合が入っていることだけは伝わってくるのだった。

通常、情報番組はリサーチャーやブレーンと呼ばれる人間が情報を集め、それを元に構成作家*が企画を作りだし、ディレクターがそのネタをチョイスして制作に取りかかる。情報調査用にはリサーチ会社が存在し、彼らは多くの新聞・雑誌などをキープして、その中から面白そうな情報を素早く引っ張り出すことを生業《なりわい》としていた。

だが、わが番組にリサーチャーやブレーンをたくさん雇うお金はない。そこで新番組ではそれを逆手にとることにした。

こちらで情報を探すのではなく、生放送の番組内で情報を募集し、リアルタイムで視聴者から送られてくる情報にアプローチして放送する手法だ。

構成作家
構成作家はさまざまな局に出入りしている。当時、フジテレビに出入りする構成作家がいて、「フジの会議は社屋じゃなくて社外の旅館で泊まりがけでやるんですよ」とか、「フジは作家にもいくらでもご馳走してくれますよ」という話を聞いて、勢いのある局は違うなと妬ましく思っていた。

たとえば、「驚くほど大盛りの店」「歴史があって汚いけどうまい店」とか「びっくりするぐらい兄弟が多い大家族」などというテーマを放送中に募集する。それを見た視聴者が電話やＦＡＸで情報を送ってくる。その情報を取捨選択して、面白そうなところに取材に駆けつけ、そのままネタにして放送するというわけだ。10名のオペレーターを用意し、番組スタジオのサブ（副調整室）下で電話を受けさせる。構成作家や私が電話とＦＡＸの選別を行ない、目についたものをピックアップしていく。情報をすぐさま番組に反映するために、最新鋭のトリニティ*というスイッチング機材をスタジオ下に配置したり、紹介した情報を当日中にドコモのｉモードサイトにアップしたりもした。とにかくあらゆる手段で関西中からリアルな情報を集めようとしたのだ。

某月某日　信じられないほど安い店：芳しくない視聴率

その日のテーマは「信じられないほど安い店」。

トリニティ
ライブ映像制作に用いられるスイッチャーで、当時、海外でスポーツ中継などに使われていた。プレーが中断し、スロー映像に切り替わる際に立体的に画面が飛んでいくような映像を見せることができる。番組ではスタジオのセンターに大型モニターを置き、そこにトリニティを使った映像を出すことで、スポーツ中継のような臨場感を表現したかったのだ。

すると視聴者から「大正区にランチバイキング食べ放題で５００円の店がある」というＦＡＸが入った。バイキングで５００円とは破格の安さだ。

「大正区にある赤札亭という定食屋に向かってくれ」

担当ディレクターにすぐさま指示を出す。ディレクターは業務用ビデオカメラだけを持つとひとりで現場に向かった。

１時間ほどで息を切らしながらディレクターが戻ってきた。「なかなかオモロイ店でしたわ」

さっそく素材を確認してみると、人の好さそうな赤ら顔の主人が取材に答えている。

「なぜ、こんなに安くできるのですか？」ディレクターが問う。

「そんなん簡単や。うちは従業員も食材もすべてリストラされたものを集めているからや」

従業員はいいけど、食材はあかんやろ*、と思いながらも大急ぎで編集し、その日の放送に間に合わせた。翌日からお客が殺到し、店の前に順番待ちの長蛇の列ができたらしい。

食材はあかんやろ
視聴者から、「すごい酒を出す店がある」という情報が寄せられて、ディレクターを取材に向かわせた。古びた中華料理屋で「雄の虎の生殖器入りのお酒」があった。ディレクターが「虎はワシントン条約で捕獲禁止なのでは？」と聞いたところ、店主は「裏ルートで仕入れています」とにやりと笑った。お蔵入りにした。

くだらないネタ
どんなくだらないネタであっても、番組が終わると1件1件、お礼のＦＡ

番組は一部視聴者から熱烈に支持され、多い日には500件以上もの情報が寄せられることもあった。「××の散髪屋、人の髪を切るくせに主人はヅラだ」とか、「△△小学校の保健教諭は、体育教諭と不倫している」とか、放送できないようなくだらないネタ*も多かったが、寄せられる情報量は想定を大幅に上回り、情報を受けている私も構成作家も電話オペレーターも放送が終わるとフラフラになってしまうほどだった。

また、生放送中に紹介するネタが決まっていくテンポのよさはスタジオに緊張感を与え、画面からも活気が伝わっていた。

私には手応えがあったものの、視聴率は芳しくなかった。裏番組である他局の夕方のワイドショーが3～5%ぐらいだったのにくらべ、「満点!幸福テレビ」は1%台と大きく水を開けられる結果となった。

テレビ上方編成部の始業時間は午前10時。当時は、朝イチに視聴率調査会社・ビデオリサーチ*からFAXで視聴率表が届き、その後バイク便で視聴率表の原本が届けられた。これにテレビマンたちは泣いたり笑ったりするのだ。

このころの私は朝9時半ごろに局の代表番号に電話をして、視聴率表を各部署

Xを流していた。また、高確率でノベルティーがもらえる番組と評判になり、寄せられる情報はますます増えていった。

ビデオリサーチ　以前はニールセンという外資系の調査会社の視聴率表もあったのだが、テレビ上方も他局もいつからかビデオリサーチ1社になった。ニールセンが高額だったこともあるが、ビデオリサーチが電通の子会社であったのが大きい。電通はテレビ局に対し、スポットCMなどの作案のもとになる視聴率についてビデオリサーチのものを使うように指示し、ニールセンのものは受け付けなかった。テレビ局にすれば、ニールセンの視聴率調査を採用する意味がないので、いつのまにかニールセン社の調査は使われなくなったわけだ。

に配っているアルバイトの女の子に電話を回してもらい、視聴率を聞いた。

編成の直電話もあるのだが、そこに電話するとたいてい編成部長か次長が出る。「満点!幸福テレビ」の視聴率だと、あれこれ言われる可能性がある。こちらは小言を聞きたいわけではなく、視聴率を知りたいのだ。

1%を行ったり来たりだったから、私に視聴率を伝える女の子の口調もたいてい暗くて、聞いているこっちが申し訳ない気持ちになってくる。

番組開始当初、芳しくない視聴率を聞くたびに、「だからあれほど言ったのに……」と、自分の無力さを棚に上げて、ワイドショー番組を強行した上層部への恨み節があふれ出た。

ところが、半年がすぎるころになると、視聴率の悪さはさほど気にならなくなった。番組の内容に納得感を得ることで、テレビマンとして進むべき道が見えた気がしていたのだ。

もちろん、視聴率を度外視していたわけではない。たまに視聴率がよかったとき、バイトの女の子の声は明るく弾む。電話口に出た瞬間に視聴率のよさがわかるくらいだ。

視聴率がよかったとき、私にはある儀式があった。女の子から視聴率を聞いて電話を切ると、私は10時すぎに編成の直通電話にかける。そして、電話に出た編成部長にこう聞く。

「すみません。昨日のワイドショーの視聴率はどうでしたか？」

もちろん、数字がよかったことはすでに知っている。

「おう、昨日はいつもの倍以上の視聴率やったぞ。毎分で見ると鶴橋のコリアタウンの中継の数字が跳ねてたわ」

いつになっても、そしてそれが偶然にすぎなかったとしても、高視聴率は私にとって格別の味なのだ。

某月某日　**枕営業**：タレント事務所女社長の戦略

芸能界に「枕営業」があるか？

間違いなく、ある。

キャスティングに携わるプロデューサー、チーフディレクター、メインの出演者、放送作家であれば、一度や二度はそんな話を見たり聞いたりしたことがあるのではないだろうか。

実際、タレント事務所の女性社長がスポンサーに取り入るため、自社の女性タレントをあてがっている現場は何度も目にした。

スポンサーが参加する飲み会の席に自分の事務所の所属タレントを同伴する。所属タレントといってもコンパニオンとモデルの中間くらいの子だ。飲み会が終わると、その子をスポンサー幹部のクルマに同乗させる。「あとはおまかせします」という意味合いで、同乗する女の子も暗黙の了解の上だ。

この女性社長の場合は、その子を売り出すというよりも、自社の広告代理店部門がスポンサーの仕事を請け負うことをメインにしていた。私が知っているだけでも、化粧品会社やパチンコメーカーなどのCM制作やイベントを引き受け、深く食い込んでいた。女の子は急にハイブランドのバッグや服などを身につけるようになったりしていたからウインウインという側面もあったのだろう。

ほかにもアヤシイ関係*はいくつか知っている。

アヤシイ関係
つい先日終了した大阪の長寿ラジオ番組のMC・浜赤純さんはいつも若い駆け出しの女性タレントをアシスタントに起用していた。私は浜赤さんがアシスタント女性と銀座のクラブで飲んでいるとき、そこの女の子からこんな話を聞いた。

彼女の友だちは劇団員でたびたび演劇のワークショップ*に参加していた。ワークショップでは主宰者でもある映画監督から徹底的にしごかれる。あるときワークショップが終わったあとで、彼女は監督からこうささやかれた。

「映画制作会社の社長に知り合いがいる。彼のコネクションを使えば、芸能界への道が開かれる」

監督に言われるがまま〝社長〟と会った彼女は、「映画のオーディション」と称して、ホテルに連れ込まれ、関係を持ったのだという。

よくある話だ、と思った。業界人と称して素人の子につけ入る手口で、たびたび新聞沙汰にもなっている。「映画制作会社の社長」といったって、どこの馬の骨かわからない。

「北さんは業界に長いんですから、××社の伊賀さんって知っていますか?」

女の子から出た名前を聞いて驚いた。知っているも何も、伊賀氏は、私のプロデュース番組を制作していたプロダクションの社長であり、映画制作会社の社長でもあったからだ。


一緒に百貨店のブランドショップで買い物しているのを目撃したことがある。浜赤さんよりずいぶんと大きい、モデルのような女性が横にぴったりと寄り添っていた。浜赤さんのアシスタントは何年かおきに代替わりするのだが、いつも背の高い、似たようなタイプの顔の子なのだ。やはり、小さい男の人は総じて大きい女の子が好きなのだ。

ワークショップ ほかにも、俳優の卵たちへの演劇指導で「役になり切るために羞恥心を捨てろ」などと言い、「さぁ、あなたはニワトリです」といった荒唐無稽な設定を課していく。それに応えていくうち理不尽な要求も受け入れる心理状態を作り、〝関係〟を迫る手口もある。閉鎖的な空間を利用した犯罪行為である。

伊賀氏は某局出身で独立し、制作プロダクションを立ち上げた。その会社の最初の仕事が私の携わる番組で、それ以来いくつもの番組をともに作っていた。いかにも生真面目な常識人といった感じで、そんな裏の顔があるなどと思ったこともなかったが、売れない若手監督とよくつるんでいて、点と点がつながった気がした。

「名前は聞いたことがあるけど……」

まさか今、仕事をしているとも言えず言葉を濁すと、女の子は続けた。

「へえ、やっぱり有名なんですね。でも、彼女、何度も呼び出されて関係を持ったけど、結局、映画のちょい役に何度か使われただけだったんです」

つまり、枕営業で勝ち取れるのは、たいした仕事ではない。

キャスティング権を持っている人たちはみな熾烈な視聴率競争の最前線で戦っている。枕営業で、実力のないタレントを番組に放り込んで、視聴率がとれなければ、彼ら自身の評価が下がるし、下手をすれば仕事を失う。また、無名のタレントが必然性もないまま番組に出演*すれば、間違いなく共演者やスタッフも違和

必然性もないまま番組に出演
その点でテレビドラマや映画の端役であれば、出演させやすい。バラエティー番組では難しくとも、ドラマや映画ではその余地があるともいえる。

お気に入りのタレント
感性が合い、こちらの演出意図を汲んでくれるからと起用した結果、親し

感を覚える。そんなリスクを冒してまで、お気に入りのタレント*を番組にねじ込むだろうか？

もしアプローチがあったとしても、よほど自制心のない女好きでないかぎり、断るだろう。

いずれにしても、枕営業でまともな仕事がとれる可能性はほとんどない。そして、枕営業の子にまともな仕事を与える男がいたとすれば、そいつがまともではないことだけはたしかである。

某月某日　都市伝説：視聴率調査、ここだけの話

制作局長に誘われて食事に行った。

乾杯が終わるか終わらないかのタイミングで、もう待ち切れないといった様子で、制作局長が小声で話し出した。

「ほんまに偶然なんやけど、ある家を突き止めたんや。なんやと思う？」


くなってプライベートでもつきあうようになる。するとさらに遠慮会釈なく意見を言い合えるようになって関係が深まり、番組での起用も増えることはある。私にとっては大平サブローさんがそんな存在だった。

嬉しそうに聞いてくる。

「さぁ、なんですか？」あまり気乗りしていない感じで答えると、

「これを聞いたら、北もびっくりするぞ。これは絶対ここだけの話やぞ。じつはな、視聴率の調査器が置いてある家を突き止めてん」

「視聴率の調査器！　ほんまもんですか？」

これには私も驚いて、思わず声のトーンがあがった。視聴率を気にしないテレビ関係者などいない。制作局長自身も、プロデューサー時代には「担当番組の視聴率が出る日には、前回視聴率がよかったときのパンツを履く」というゲン担ぎ*をしていたらしい。

「おいっ、あんまり大声出すな」

制作局長があたりを気にしながら続ける。

「たまたま嫁が近所の友だちと話していたら、『私の家にビデオリサーチっていう会社が来て、視聴率の調査の機械を置いていったんよ』って話を聞いたらしいんや。それで嫁が『見せて！』と言ってその人の家に行って、その機械を見せてもらったんや」

ゲン担ぎ
京都府八幡市の「飛行神社」には、航空業界の人などが飛行機事故のないようにとお参りするとされる。テレビ上方の社員たちもよくこの神社にお参りしていた。数字（視聴率）が落ちずにのぼっていくようにというゲン担ぎだった。

「ほんまに存在してるんですね」

「そやねん。都市伝説みたいになってるあの機械がほんまにちゃんと存在しててん。どえらいことやと思って、仲良くするように嫁に言っておいたんや」

「でも、自分の家に機械があることをバラすのはマズいですよね。ビデオリサーチにバレたら大ごとですよ」

「もちろん禁止されてるよ。でも本人さえ言わへんかったらバレへんやろ。でな、うちの番組を観てくれるようにお願いしてあるんや。全部の番組を頼むとビデオリサーチに怪しまれるから、うちの局の5つの番組だけ見てくれるように頼んであるんや。おまえの低視聴率ワイドショーも入れてやってるから安心せえ」

「低視聴率」は余計だし、ずいぶんと恩着せがましいが、ありがたい気もする。

「これで0・4%確保や」

「0・4%?」

「おまえも研修のときに習ったやろ。関西地区では、250世帯に調査器が設置*されてる。つまり、1軒見ていると視聴率が0・4%になるんや」

なるほど、と思った。この時代はテレビがついていて、チャンネルがその局に

250世帯に調査器が設置
この当時、関西の視聴率は関西地区250世帯のサンプルをもとに測定されていた。視聴率測定世帯は、テレビ局、広告代理店、スポンサー社などの関係者を排除して、小学校の学区をもとに任意に抽出した世帯を選び、了承してもらった世帯にオンラインで結ばれた視聴率調査器が設置された。入社時の研修では、「たった250世帯と思うかもしれないが、統計学的にはそれでほぼ十分であり、世帯数を10倍にしても正確度はあまり変わらない」と説明を受けた。しかし、2025年現在、関東では2700世帯、関西では1200世帯がサンプル世帯となっており、「より正確な測定ができる」という。当時の説明はなんだったのだろう。

あっていれば「世帯視聴率」としてカウントされていた。よく「犬が見ていても1%」などと揶揄されていたのはそのためだ。

つまり、10軒集められれば4%になる。もちろん、不正行為だし、こんなことが露見すれば大問題だ。ただ、1%に一喜一憂しているテレビマンにとっては魅力的な話ではあった。

「北、おまえの知り合いで家に調査器がついている人、おらんか?」

「いや、見たことも聞いたこともないですよ」

すでに機械が外されている家の人が「じつはうちの家に……」とこっそり漏らしても不思議はないのだが、それすら聞いたこともない。

「なんとか10軒、集められへんかな思うてな」

真剣な顔でそう言う。それにしても制作局長もずいぶん危ない橋を渡ったものだ。

だが、0・4%では役に立たない。* 何より、制作局長が頼んだという「満点!幸福テレビ」のその週の視聴率は0・4%に達していなかったのだ!

この話を聞いてから、私も知り合いの家に行った折などに、テレビの近くに機

0・4%では役に立たない
少し難しいのだが、視聴率は毎分の視聴率の加重平均となるため放送時間の半分の時間を1世帯が見ていると0・2%ということになる。正確には、1軒が見ていれば0・4%というわけではない。

テレビマンにも動かしようがない
読売テレビ「EXテレビ」の企画で、「この番組を見ている人で視聴率調査器がついている家の人は今から1分間チャンネルをNHK教育に合わせてください」と呼びかけたことがある。NHK教育は放送が終わっている時間だったが、視聴率2%を獲得した。つまり、

械が置いていないかチェックしてしまうようになった。

ところで、調査世帯は一定期間で変更され、随時変わっていく。また、同じ放送局ばかりを見続けていると異常を検知して調査世帯から外されることもあるという。

結局、制作局長の秘密の計画は頓挫した。視聴率はテレビマンにも動かしようがない*のである。

* 一定数の世帯が企画に反応したことになる。面白い企画だと思ったが、読売テレビはビデオリサーチから抗議を受けたと聞いた。しかし、結果としてこの企画は日本民間放送連盟賞の「テレビ娯楽最優秀賞」を受賞し、業界的にも大きな話題を呼んだ。

某月某日　番組終了：恒例のあいさつ

高寺本部長と制作局長から応接室に呼び出された。制作の責任者が２人揃っていることの意味を早々に察する。

高寺本部長がいかめしく口を開く。

「残念だが、『満点！幸福テレビ』の終了が決まった。今クールいっぱいで終わりだ」

番組の視聴率はずっと低迷していたし、心のどこかでは予期していた。それでもこの番組をあと何年か続けられれば、夕方の激戦区でも存在感を示せるようになるという自信もあった。

だが、視聴率は視聴者による厳正な判断だ。私たちテレビマンはその判断に従わなければならない。

「今のような視聴率で、これほど制作費を食うと、もう営業も編成も支えられない。スタッフや出演者にどのタイミングで話すかはおまえにまかせる。まあ、最後までがんばってくれ」

当初、強硬にワイドショー番組をプッシュしていた高寺本部長も今となっては淡々としたものだった。

この番組は1週間で3時間×5本、つまり1カ月で3時間番組約22本分*を制作しないといけない計算になる。それまで自主制作番組といえば、せいぜい30分番組や1時間番組を週に5本程度しか作っていなかったテレビ上方にとっては体力的な限界でもあったのだ。

「わかりました。期待に応えられず、すみませんでした」

3時間番組約22本分
1年間は52週なので、それを4で割った13週間をワンクール（3カ月）と考える。ワンクール（3カ月）が13週なので、1カ月は4.3週（13÷3）。週5日の番組を

私は頭を下げた。２人は気まずそうな顔をして、それ以上何も言わなかった。ワイドショーの制作を決めた高寺本部長ら上層部について、「だから言っただろ」という恨みがましい気持ちがなかったわけではない。だが、私はこの番組で新しい取り組みができたことに満足していた。

応接室を出て、今日の放送を準備するスタッフたちにどう伝えようか迷った。今クールいっぱいだと、残りは２カ月ほど。早めに伝えたほうがいいと判断して、スタッフと出演者を集めた。

「北さん、この番組を終わらせるのはもったいなさすぎます！」

ディレクターの長坂君が掴みかからんばかりの勢いで言った。

制作畑育ちの彼は、この番組の制作面を一手に担っていた。膨大な情報量をもとに作るすさまじい数量のＶＴＲのクオリティー管理を手掛け、時に寝ずに番組作りに取り組んでくれていた。

「そうやな。すまんな」私にはそう答えることしかできない。

「毎日のように電話で情報をくれるおばちゃんがいて、『この番組が私の生きがいよ』なんて言ってくれてます。全国ネット特番の元になった大家族を見つけた

4・3週分制作するため（5×4・3）、1カ月約22本…テレビ業界ではこのように計算するのだ。

のだってこの番組じゃないですか」

視聴者から「うちの近所に驚くほどの大家族がいます」という投稿があり、取材に行ってみると10男4女に両親を加えた16人の大家族。。

これは面白いと取材を開始し、全国ネットの特番*として放送することになったのだ。最終的にこの家族は11男4女となり、都合10回も放送されるロングセラー人気番組に成長した。

「こんなに視聴者から情報が集まってくるのは日本でこの番組だけですよ。もう少し我慢すれば、お茶の間に定着するはずです。残念すぎます」

構成作家も嘆いてくれた。スタッフたちは視聴率とは違う部分で手応えを感じていたのだ。

私にはそのことが嬉しかったし、彼らと一緒に番組作りをできたことを誇りに思った。その一方、彼らの努力に報いることができなかったのが無念でならなかった。

いくつもの番組を終わらせてきたプロデューサーとして思うことは、すべての番組終了はプロデューサーの責任だということだ。

全国ネットの特番
「嵐も吹き飛ぶ大家族!」と題して、キャラクターに富んだ家族たちにスポットを当てた番組は人気を博した。ちなみに、この番組はこのときディレクターだった長坂君がプロデュースした。

近くのホテルで番組終了の打ち上げパーティーが行なわれた。

番組終了の打ち上げでよくこんなあいさつをする人がいる。

「本当に最高の出演者、最高のスタッフでした。できればこのメンバーでいつかまた番組を作れたらと思います。本当にありがとうございました」

最高の出演者で最高のスタッフなら、番組は終わらなかった。どこかに問題があったから成功せずに番組が終焉を迎えたのだ。そして、同じメンバーでもう一度番組が作られることなど絶対にない。単なる社交辞令なのだ。

一生懸命ともに戦ってくれた仲間たちに社交辞令のようなあいさつでお茶を濁したくなかった。マイクを渡された私はこうあいさつした。

「この同じ出演者、同じスタッフが集合することはもう二度とないと思います。でも、こうして一緒の番組で同じ方向を目指して番組を作り、同じ目標に向かって戦ってきたことを私は忘れません。みなさん、それぞれの道で大きな志を持ってがんばってください」

数日後、局内で長坂ディレクターに会った。

「北さんの打ち上げのあいさつ、3年前に終わったゴールデンタイムのバラエティー番組の打ち上げとまったく同じでしたね」

某月某日　最後の仕事：新設部署への異動

私は、新設された「メディア融合局」に異動することとなった。これまでの制作部から横滑りで、肩書きは「部長」だった。

私は、社運を賭けたワイドショーを失敗させたプロデューサーだ。ベテランの域に差しかかり、居場所を失った私を、新設される部署へ異動させるのはテレビ上方上層部の親心だったのかもしれない。

「メディア融合局」が担うのは、テレビ番組とインターネットとを融合させたビジネスモデルだった。

通常、テレビ局は、タイムCM（番組提供）やスポットCMを販売することでお金を稼ぐ（まれに制作協力費をもらう方法もある）。ただ、CM販売が先細りに

新たなビジネスを作り出そう
県域U局であるテレビ上

なっていくことを見据え、番組と連動した形で商品を売るという新たなビジネスを作り出そうとしていた。*

「北君は『満点！幸福テレビ』でインターネットをうまくからめた番組作りをしてくれた。そのノウハウをメディア融合局で大いに活用してほしいんや」

メディア融合局を管理するのは、新聞社出身の副社長で、彼はそんな言葉をかけてくれた。

杜六枝師匠との番組の経験などから、ネットを利用した放送外収益の作り方については具体的なイメージがあった。「メディア融合局」の創設で大手を振ってこの考え方にチャレンジできる。私はこの異動を前向きに捉えていた。

ただ、社内にはこの新設局に懐疑的な意見も多く、様子見半分という空気が漂っていた。とくに自らの領域を侵食されかねない営業部からは、「余計なものに人を割いて」「ドブに金を捨てるようなものだ」といった声が聞こえてきた。

メディア融合局が制作するのは、新しい情報番組だ。

これまでの通販番組*は商品を売るためのものだから、出演者たちは商品の素晴

方は視聴可能エリアが狭く、視聴率が出にくい。ただでさえ不利な状況下で、他局と視聴率で競り合うのは厳しい。１枚のお好み焼きを他局と奪い合ってシェアするより、他局がまだ食べようとしていないピザ（ネット）を独り占めしようという発想だった。

これまでの通販番組
それまでも、持ち込み通販番組の形だけのプロデューサーをやったことはあった。当時の通販番組は30分枠や60分枠の中でいくつかの商品を紹介する体裁で、ほとんどが通販会社の持ち込み番組だった。どこかの局で作った番組を全国各地の地方局で放送するパターンが多く、通販会社や代理店はそれを「キャラバン」と呼んでいた。全国を巡回するという意味だったのだろう。

らしさや安さを大げさにアピールし、視聴者もそれとわかって見る。

それに対して、メディア融合局が作るのはあくまで情報番組という立て付けだ。商品は出てくるが、番組中でそれを売るための紹介は一切なく、見せ方もスマートだ。そのかわり、放送直後の通販枠でその商品を販売する。通常の通販番組をより洗練した進化版という位置づけだった。

まず、手をつけたのは美容分野だった。美容に関しては関心を持つ人が多い。その人たちの悩みに応える番組を作り、番組と連動して商品を販売すれば、きっと売れる。そう確信していた。

私はメディア融合局部長として、第1弾の番組制作に着手した。

番組では、カリスマ美容師やカリスマメイクアップアーティストが女性をキレイに変身させる。そして、その番組の最後にスポンサーでもある大手通販会社・百趣会が、カリスマたちが使用した美容商材を販売する。百趣会から番組の制作費をもらい、CM枠は別途他のスポンサーにスポットCM枠として売りながら、通販売上げの一部も収益にするという三重構造で儲けるのだ。

出演者は、OPK（大阪パーマネント協会）という美容師の業界団体にアプローチし、カットの世界チャンピオン・長野氏をキャスティングした。

われわれスタッフと司会のテレビ上方の女性アナウンサー、*カリスマ美容師の長野氏による、顔合わせの席が設けられた。

話の流れで、女性アナウンサー相手に、長野氏の世界チャンピオンテクニックを披露してもらうことになった。

収録用に持参していた道具を取り出し、長野氏がカットする。見事な手さばきだ。10分ほどでカットを終えると、長野氏は女性アナウンサーに鏡を見せた。

「どうですか？」

長野氏は自信に満ちた表情だ。

「わあ、素敵！　ありがとうございます！」

私の目からは前とそれほど変わったようには見えないが、やはり女性にとってみれば、テクニックのすごさはひと目でわかるのだろう。

打ち合わせが終わり、長野氏が退出したあと、彼女は顔を曇らせながら言った。

「髪の毛、なんか変なふうに切られたんですけど、おかしくないですか？」

テレビ上方の女性アナウンサー
2025年現在、フジテレビの〝上納文化〟が話題で、女性アナウンサーが接待要員として扱われていたなどと噂されている。近年、テレビ上方の女性アナウンサーも人気が出ているようだが、私のころにはまだ地味な存在だった。親会社である新聞社関連のイベントやパーティーなどの司会やインタビューなどで財界人などと交流する機会はあったものの、彼女たちによる〝接待〟というのは聞いたことがない（これはキー局とローカル局の違いかもしれないが）。

番組はまずまずのスタートを切った。

在阪他局のプロデューサーからは「どんな仕組みであの番組をやってるの？」と尋ねられたり、旧知のテレビショッピング会社部長から「テレビ上方はあのやり方を全面的に解禁しているの？」と問い合わせを受けたりした。社内よりも社外の関心の高さに、私は手応えを感じた。

もともと制作費も回収でき、ＣＭ枠も売れるのだから、テレビ上方にとってマイナスはない。スポンサーである百趣会の反応もよく、私はこのビジネスモデル*に自信を深めていた。


新設の「メディア融合局」には、技術部門や制作部門などから、人材が集められていた。彼らがなぜこの新設部署に配属されたのかは不明だったが、それぞれの多彩な才能を発揮した。

メディア融合局を管理する副社長はこう言った。

「スポットＣＭを売ってるやつが偉いわけじゃない。あれは代理店が売った分《わ》け前をもらってるだけや。誰もやったことのない新しい取り組みを企画して実行で

このビジネスモデル
第2弾は、不動産ポータルサイトと連動した不動産物件の紹介番組だった。新規販売する物件について、その魅力を面白おかしくロケ映像で伝え、スタジオでタレントの坂東栄一が説明する。当時リクルート社の雑誌「住宅情報」の見開きページの掲載料が120万円ということで、番組の紹介枠でも同額をもらうことにした。番組では1時間に3つの物件を紹介したの

きるやつが一番評価されるべきなんや。自分のやっていることに自信を持ったらええんやで」

直属の上司の局長も穏やかで理屈が通じる人だったし、少数精鋭でストレスもなく、働き甲斐のある部署だった。

「メディア融合局」の売上げは予想以上に増え、それにともなって、社内での評価も高まった。成果はボーナス、昇給などに反映され、年収は１８００万円に迫った。在阪各局とくらべ局員の待遇がワンランク劣るとされたテレビ上方の中では最上級の評価をしてもらうことができた。

「メディア融合局」が実行したビジネスモデルを追求すれば、さらなる放送外収益を獲得できる。私はそんなことを社内プレゼンした。

プレゼンは通り、ＩＴ新会社が設立されることになった。

新会社には、テレビ上方が２億円を出資し、ほかにも大手クレジットカード会社や映画制作会社、ＩＴ企業などからも出資を得て、大々的にスタートを切った。

私は新会社の代表取締役に就任＊した。

新会社も、私の人生も、順風満帆だった。このときまでは――。

で、それだけで３６０万円の売上げになった。

代表取締役に就任
新会社では、まずグルメ番組と連動したグルメEC事業を立ち上げた。全国の魅力的な食材をテレビ番組で紹介しながら、普及途上にあったECサイトでその食材を販売した。

某月某日 国税からの問い合わせ：テレビ上方退社

その日は突然やってきた。

テレビ上方の社長が呼んでいるということで社長室に出向いた。社長から直接呼び出されることなど初めてのうえ、しかも「緊急ですぐ来てほしい」という。部屋に入った瞬間、何かマズイことが起こっている雰囲気が感じ取れた。私が椅子に腰かけるのも待たずに、社長が口を開いた。

「北君について国税から問い合わせが来ているんだが……」

そこからは激動の数日間だった。

この通告から1カ月後、私はテレビ上方を退職した。退職という言い方はあいまいかもしれない。クビになったのだ。

私はテレビ上方の仕事のかたわら別会社を作っていた。経理担当者の不手際で税務申告がなされておらず、代表者の私が「脱税」の疑い*で取り調べを受けるこ

「脱税」の疑い
取り調べ中、銀行のAT

とになった。その過程で、テレビ上方から懲戒免職を言い渡された。

編集者からは、この経緯について詳しく書くことを求められた。

当然だろう。20年以上にわたって勤務したテレビ上方を退社したいきさつは私の人生において重要な事件だし、そこに触れないのは画竜点睛を欠く。

だが、私には書くことができなかった。それは法的な事情と個人的な約束によるものだ。

最終的に、刑事・民事とも裁判になることはなく、紆余曲折を経て、弁護士を介して会社とのあいだで和解が成立した。和解条項に「守秘義務」規定があることもあり、事の経緯をつまびらかにすることはかなわない。この点はどうかご容赦いただきたい。


予想もしていなかった突然の退職後は、私にとって失意の日々だった。

それまで取り組んでいたすべての仕事を取り上げられ、会社に行くことも、仲間たちと話すこともできない。

テレビマンとしての道がいきなり閉ざされた、この喪失感をどう表現すればい

Mのカメラ画像と入出金タイミングを照らし合わせ、「北さんはこの時間にこの銀行の右から3番目のATMでお金を××万円引き出していますね」と突きつけられた。国税にはなんでもお見通しになってしまうのだと怖くなった。

いだろう。朝、目を覚ますと、「ああ、今日は会社に行けないのか。自分はすべてを失ったのだ」と考えて、ため息をついた。しばらくは何をする気も起きなかった。

会社の仲間たちが、自分のことをどう思っているのかと考えるのもつらかった。「懲戒免職」で会社を去った事実*は重い。一緒に番組を作ってきた仲間たちに直接、自らの口で事情を説明できないのも苦しかった。

突然の失職から再起に至る過程では、元上司や後輩、取引先から、仲の良いタレントさんまで多くの人に精神的に支えてもらった。

なかでも、ある芸人さんの言葉は今も心に残っている。

「俺は人生について、ヨコ軸を年齢、タテ軸を幸不幸にした折れ線グラフにして考えるねん。良いことにしろ、悪いことにしろ、タテ軸の起伏が大きいほど、グラフの線は長くなるやんか。振り幅の少ない平坦なグラフより何倍も長くなる分、人生をたくさん経験できたということやで。そう思うと、北君の人生もよかったんちゃうか?」

「懲戒免職」で会社を去った
前述した新会社は、私がテレビ上方を懲戒免職になってしばらくして解散することになった。私の一件により、テレビ上方全体でネットに対するアレルギーのようなものが増幅してしまったようで心苦しい思いがある。あのまま続けていれば、ネット社会の先頭に立てていたのではないかという未練もまたある。

テレビ局を退職したあと今日に至るまで、なんの仕事をしていたかと問われると説明に困る。

テレビ上方を辞めて、最初に移った会社では、映画の制作資金調達の業務を行なった。その後、自分で会社を設立し、共同経営者のノベルティー商社と一緒にアニメキャラクターやタレントを使って付加価値をつけたノベルティーを開発した。

広告代理店のような仕事では、漫画「キャプテン翼」のスマホゲームのＣＭ制作と全国のテレビ局のＣＭ枠購入を請け負ったこともある。

出版関連では、大ヒットした健康書をもとに、それと連動した商品（フリーズドライやカップ、液状の味噌汁）の権利の管理を担ったりもした。

いずれも成功もあれば、失敗もあった。まさにタテ軸の振り幅の大きな人生だったのだ。

某月某日　**自腹**：逆風のテレビ業界

4月の人事異動の季節になると、毎年、人事の一覧表を送ってくれる後輩がいる。会社にいたころは他人の人事なんて関心がなかったが、会社を去った人間に恒例行事のようにメールをくれる後輩の気遣いが嬉しい。

興味本位で眺める人事表にもだんだんと知らない名前が増えてきた。

以前は、ある程度の役職だと、60歳で定年後、関連会社へ役員として出向する道があった。しかし、最近では関連会社への道も厳しい*という。

テレビ局自体にも逆風が吹く。後輩の話では、ずいぶん前からテレビ上方ではタクシーチケットの使用もできなくなったという。

「タクシーチケットが使えたのなんか、ひと昔前の話ですよ。最近の若い社員はタクシーチケットなんか見たことないやつばっかりです。北さんの時代なんか夢物語ですわ」

関連会社への道も厳しい　制度的には65歳まで再雇用してもらえることになっているものの、元部下が上司になったり、給与が激減したりで、多くが辞めていく。自らを含め、テレビ局員はつぶしがきかない。転職して、テレビ局員時代の年収を

コロナ禍でリモートが増え、訪問しなくても商談ができ、接待しなくても売上げは変わらないことが明らかになった。もはや交際接待費も風前の灯火だ。

「最近はタレントさんと飲みに行っても全額自腹ですよ。番組の会合費だって数千円ですし、制作で管理職になって番組を持ってないと部の交際費もほとんどありません。だから、ボクなんか持ち出しばっかりですよ」

私の現役時代、小さな番組でも１本あたりの会合費・交際費として３万円ほどの予算がついた。番組１本担当して月に12～15万円。営業持ち込み番組のプロデューサーだと、５番組担当していたというケースもあった。制作する手間もなく、持ち込まれた番組をプレビューするだけで、60万円の〝活動費〟が手に入ったのだ。

それが今では数千円の会合費も中身を細かくチェックされ、面倒くさいから自腹を切るという。時代は完全に変わったのだ。

技術革新によってもテレビ業界は大きく変貌した。

今では、ディレクターがひとりで撮影*し、パソコンでテロップや音楽・効果音

維持するのは至難の業なのだ。

ディレクターがひとりで撮影
旧知のディレクターによると、ひとりで撮影のためある会社を訪れたところ、そこの社長に「ひとりだけなの？」とがっかりされたという。その社長は社内に「テレビの取材が来る」と吹聴していたらしく、仰々しい〝撮影チーム〟に来てほしかったようなのだ。

を加え編集した素材をそのまま放送することもふつうになった。10人以上の人員が関わっていた作業がたった1人でできるようになった＊。

懇意にしている制作会社の社長と飲んでいたときのことだ。

「前のクールでうちの番組がひとつ終わりました。残っている番組も、編集スタジオ使わずに仕上げて、その分、1本あたり32万円減額してくれって言われてるところですよ」

社長の会社が制作するバラエティー番組について、経費削減を求められたのだという。

番組は丸々1本請け負うのが一番儲かる。請け負う部分や工数が多くなるとそれぞれに糊代《のりしろ》が生じ、そこに利益を乗せやすくなるからだ。ところが、すべてが丸裸にされ、具体的な減額幅まで指示されるわけだ。私も低予算に辛酸をなめてきたが、ここまでシビアになったとは……。

「それじゃあ、経営もそうとうキツイんとちゃいますの？」

そう水を向けたが、社長の表情は意外に明るい。

「いや、YouTubeやInstagramの動画制作の仕事が結構あるんですよ。それで制

たった1人でできる
これまではディレクター、AD、カメラマン、カメラアシスタント、音声、照明、CG制作、編集マン、編集アシスタント、音効…という役割分担があったものが1人で作業可能になったのだ。この先、AIが活用されれば、さらに仕事が失われる。今でもナレーションはAI音声で対応可能だし、キーワード入力だけで動画を作成してくれる技術も近い将来、テレビ制作の現場で実用化されるだろう。

ストックビジネス
売上げが継続的に積み上

作費をもらうだけじゃなく、コンテンツ収益の一部をもらう契約にしてもらっているんです。今までのように、番組作って終わりじゃなくてチャリンチャリンとお金が入り続けるストックビジネス*になるんです。それにBSやCSのテレビショッピングはまだ金が出ますし、ほかにも若い子向けのイベント運営もやっているんでまずまずです」

なるほど、もうテレビ制作だけに依存している制作会社に未来はないのだ。

いつの時代もピンチをチャンスに変えられる会社は上手に生き残っていくということだろう。

がっていくビジネスモデル。これまでのテレビ制作は映画と違って、作って終わりのビジネスだった。とくにバラエティー番組は何度も再放送されることもなかった。ところが、東京キー局が手掛けるHuluやTELASA、Paraviなどの配信ビジネスが盛んになったことで制作後も継続的にお金が入る仕組みが生まれようとしている。

あとがき――何も起こらない日々

「たまには前みたいに飲んできたら?」ある金曜日の夜、妻がつぶやいた。

テレビ局時代は家で夕食を食べることなどなく、夕食の準備がないのが当たり前だった。

テレビ局を辞めて、仕事の拠点を東京に移してからも、私には長い間続けていたルーティーンがあった。月曜から金曜まで東京で働き、金曜日の夜は大阪に戻って、北新地で朝まで飲むというものだ。

テレビ局時代の栄華にすがるように飲みに行く私に、妻は半分愛想を尽かしながら、よく「そんなに飲まな仕事できひんの?」と言った。

「接待があるねん」私はそう答えていたが、飲むのが大好きな得意先との形ばかりの接待を言い訳に、飲みたかったから飲んでいたのだ。

ところが、今では自宅で夕食をとるようになった。

きっかけは体調不良だった。テレビ局を辞めたころから、定期的にギックリ腰のような症状が出たり、首から肩にかけて痛みが出たりし始めた。精神的なストレスが、症状となって心身に噴出したのだろう。

数カ月に一度くらいだった頻度がどんどん短くなり、おかしいと思って病院に行くと、腰椎椎間板《ようついついかんばん》ヘルニアおよび頸椎《けいつい》症性神経根《しんけいこん》症という診断がくだった。

最初のころは薬を飲めば、数日で痛みが治まったので、なんとかやりすごしていた。ところが、痛みの出るサイクルが短くなり、痛みも激しいものになっていった。厄介なことに神経ブロック注射やステロイド剤などの治療をしても効かず、右手に麻痺の症状まで出てきた。

ついに首の骨を削って除圧*するしかないということになり、外科手術に踏み切った。手術は成功し、激痛は治まったものの、その後も右手の麻痺は残った。右手の指が動かず、箸を使ったり、字を書いたり、パソコンを打ったりするのも難儀する。いまもリハビリに通っている。

これにより、外出するのが億劫になった。

あれほど好きだった夜の街も同様だ。若い女の子に話を合わせるのもしんどく

除圧
頸椎の神経出口周辺の骨を削ったが、さらに悪化すれば、神経の出口をすべて削ってチタンボルトで首を固定しないといけないらしい。まさに首が回らなくなるのだ。

なり、お金を払って場つなぎすることがバカバカしく思えてきた。そればかりか酒を飲むことがつまらなくなった。以前の自分からすると、信じられないような変化だった。

執着するように飲みに出かけていた私に「よくそんなにアホみたいに飲むのにつきあってくれる人がいるねんな」と愚痴っていた妻も逆に心配になり、冒頭のセリフが出たらしい。ずっといなかった人間がいつもいるようになり、きっと調子が狂ったのだ。

現在、私は仕事のほとんどを東京でこなしている。ただ、毎週末、必ずひとりで関西に戻る。北新地に行くのではない。実家に帰るのだ。

90歳の母親が今も実家でひとり暮らしをしている。寄る年波でもはや歩くのもおぼつかない。実家も屋根が傷んだり、給湯器やトイレが壊れたり、人だけではなく家や機械にもガタが来ている。週に1回、母の様子を見に行き、買い物や家の用事を手伝う。

大阪から1時間半ほどかかる田舎で、庭にはヒヨドリやウグイスも飛んでくる

かたくなに断る
先日訪れると、玄関に紐でくくられた古新聞が置かれている。「これ処分したろか」と言うと「え

し、たまにキツネも顔を出す。戸建て住宅なので、夏には庭に雑草がボウボウに生え、ポーチから玄関までの階段や2階への移動も相当な負担のはずだが、母は施設に入ることも、息子の家で一緒に住むこともかたくなに断る。*

毎週、同じスーパーで買い物する母を実家からクルマで送る。何も起こらない日常を安らぎと呼ぶのかどうかも私にはよくわからない。ただ、そんな日常が退屈ではない。もうずいぶん年をとったのだ。

日曜の昼下がり、母親に付き添いながら、ゆっくりゆっくりと歩く。テレビ局時代*の日々がうたかたの夢のように思える。

2025年2月

北慎二

えねん。自分でキャリーで捨てにいくわ」。歩くのもやっとなのに、全部自分でやろうとする。

テレビ局時代
私のような人間が好き勝手にやらせてもらえたのも会社の度量の広さゆえであった。他局では決して味わうことのできない貴重な経験をたくさんさせてもらったテレビ上方とそのすべての関係者には心から感謝している。

北慎二◉きた・しんじ
１９５９年、神戸生まれ神戸育ち。大学卒業後、関西の民放テレビ局に入社し、編成部、東京支社、制作部などに勤務。テレビプロデューサーとして数多くの番組制作に携わる。本書では、テレビプロデューサーの「表の顔」も「裏の顔」も洗いざらい描き出す。

テレビプロデューサーひそひそ日記

二〇二五年　四月　一日　初版発行

著　者　北　慎　二
発行者　中野長武
発行所　株式会社三《さん》五《ご》館《かん》シンシャ
〒１０１－００５２
東京都千代田区神田小川町２－８　進盛ビル５F
電話　０３－６６７４－８７１０
http://www.sangokan.com/

発　売　フォレスト出版株式会社
〒１６２－０８２４
東京都新宿区揚場町２－１８　白宝ビル７F
電話　０３－５２２９－５７５０
https://www.forestpub.co.jp/

印刷・製本　中央精版印刷株式会社

ISBN978-4-86680-944-1